湿陷性黄土地区基坑监测

索军森　董旭刚　杨　晓　著
柳明亮　朱武卫　主　审

中国建材工业出版社
北京

图书在版编目（CIP）数据

湿陷性黄土地区基坑监测/索军森，董旭刚，杨晓著．--北京：中国建材工业出版社，2025.6
ISBN 978-7-5160-3605-1

Ⅰ.①湿… Ⅱ.①索… ②董… ③杨… Ⅲ.①湿陷性黄土—黄土区—基坑工程 Ⅳ.①TU475

中国版本图书馆 CIP 数据核字（2022）第 218535 号

湿陷性黄土地区基坑监测
SHIXIANXING HUANGTU DIQU JIKENG JIANCE
索军森　董旭刚　杨　晓　著
柳明亮　朱武卫　主审

出版发行：中国建材工业出版社
地　　址：北京市西城区白纸坊东街 2 号院 6 号楼
邮　　编：100054
经　　销：全国各地新华书店
印　　刷：北京联兴盛业印刷股份有限公司
开　　本：787mm×1092mm　1/16
印　　张：10.5
字　　数：300 千字
版　　次：2025 年 6 月第 1 版
印　　次：2025 年 6 月第 1 次
定　　价：56.00 元

本社网址：www.jskjcbs.com，微信公众号：zgjskjcbs
请选用正版图书，采购、销售盗版图书属违法行为
版权专有，盗版必究。本社法律顾问：北京天驰君泰律师事务所，张杰律师
举报信箱：zhangjie@tiantailaw.com　举报电话：(010) 63567684
本书如有印装质量问题，由我社事业发展中心负责调换，联系电话：(010) 63567692

前　言

随着我国高层建筑的大量兴建和地下空间的开发利用，深基坑工程在多种地基施工中得到了广泛的应用，同时深基坑变形监测预警系统的发展也越来越成熟，但在不良土质基坑的变形监测预警过程中仍存在着一定问题。湿陷性黄土深基坑是黄土地区特有的一种施工结构，因为湿陷性黄土具有较为疏松、空隙较大、垂直节理发育明显以及地基承载力较低等特性，很容易在建筑工程的施工过程中出现问题，并且工程受施工水平、水位条件、周边环境等因素影响很大。因此对邻近建筑物等基坑周边环境的变形监测及预警就成为工程建设必不可少的重要环节和避免事故发生的必要措施。通过基坑现场监测，相关人员不仅能借助动态信息反馈来指导施工全过程，了解基坑设计的合理性，为后期降低工程成本找到设计依据，而且可及时了解施工环境（地下土层、地下管线、地下设施、地面建筑）在施工过程中所受的影响，及时发现和预报险情，以便及时采取安全补救措施。目前专门针对湿陷性黄土地区基坑监测与预警方面的专著及教材比较少，因此有必要在前期积累基础上出版一本专门针对湿陷性黄土地区基坑监测与预警方面的书。

本书内容包括 6 章：第 1 章从黄土的成因、时代和分布概况出发，叙述我国黄土地层划分、黄土地形地貌及黄土微结构特征，着重对湿陷性黄土地区的分布情况、主要特性、影响因素进行概述；第 2 章对湿陷性黄土地区基坑工程支护形式、基坑支护的变形计算分析进行总结；第 3 章对湿陷性黄土基坑监测的参数、监测的方法及监测频率等内容进行概述；第 4 章针对湿陷性黄土地区不同的基坑支护形式及不同的空间形式变形情况进行研究，根据实测数据和理论分析提出适用于湿陷性黄土地区基坑水平变形的预测模型，对不同的预测模型进行比对分析；第 5 章详细介绍湿陷性黄土地区基坑变形监测预警系统；第 6 章结合两个工程实例介绍基坑监测与预警的具体实施方法。

本书由索军森、董旭刚、杨晓撰写完成，在编写过程中参考了大量的项目资料与相关文献，谨在此对项目技术人员与文献作者表示衷心的感谢。

由于作者水平有限，书中难免有疏漏之处，敬请广大读者批评指正。

作　者
2022 年 8 月

目 录

1 概 述 ·· 1
  1.1 黄土的成因、时代和分布概况 ·· 1
  1.2 黄土的微结构特征 ··· 5
  1.3 湿陷性黄土的分布与特征 ·· 8
  1.4 湿陷性黄土地基的处理原则 ·· 12
  1.5 湿陷性黄土地区基坑工程 ·· 16
  1.6 湿陷性黄土地区基坑变形监测概述 ·································· 21

2 基坑变形基本理论及计算方法 ·· 25
  2.1 基坑变形基本理论 ·· 25
  2.2 基坑支护结构类型 ·· 29
  2.3 基坑支护结构内力计算 ··· 33
  2.4 基坑变形计算 ·· 43
  2.5 基坑变形机理及影响因素 ·· 46
  2.6 基坑工程空间效应 ·· 56

3 湿陷性黄土地区基坑变形监测研究 ·· 59
  3.1 基坑变形监测项目 ·· 59
  3.2 湿陷性黄土地区基坑监测项目 ·· 63
  3.3 湿陷性黄土地区基坑监测点布置 ····································· 66
  3.4 湿陷性黄土地区基坑监测方法 ·· 68
  3.5 湿陷性黄土地区基坑变形监测数据可靠性分析研究 ············ 82
  3.6 湿陷性黄土地区基坑监测频率 ·· 87
  3.7 湿陷性黄土地区基坑监测预警值 ····································· 87
  3.8 湿陷性黄土地区基坑事故预防措施 ·································· 89

4 湿陷性黄土地区基坑变形预测模型 ·· 90
  4.1 灰色系统预测模型 ·· 90
  4.2 BP 神经网络预测模型 ··· 104
  4.3 灰色系统-BP 神经网络组合预测模型 ······························· 110
  4.4 时间序列预测模型 ·· 113
  4.5 预测模型对比分析与选择 ·· 115

5 湿陷性黄土地区基坑变形监测预警系统研究 ········ 118
- 5.1 软件系统设计 ········ 118
- 5.2 项目管理模块 ········ 120
- 5.3 预测分析模块 ········ 123
- 5.4 预警系统模块 ········ 125
- 5.5 数据库系统设计 ········ 127

6 工程实例 ········ 130
- 6.1 西安市某购物中心深基坑变形监测 ········ 130
- 6.2 西安市某地下综合管廊基坑变形监测预警系统 ········ 142

参考文献 ········ 157

1 概 述

1.1 黄土的成因、时代和分布概况

1.1.1 黄土的概念与特征

黄土是第四纪沉积物的一种，具有一系列的内部物质成分和外部形态特征，不同于同时期的其他沉积物。同时，在地理分布上也不同于其他沉积物，而是分布于一定的自然地理区域内，并有一定的规律性。

一般认为，具有以下全部特征的称为黄土：

(1) 颜色以黄色、钠黄色为主，有时呈灰黄色；
(2) 颗粒组成以粉粒（0.05~0.005mm）为主，含量一般在60%以上，无大于0.25mm的颗粒；
(3) 孔隙比一般在1.0左右；
(4) 富含碳酸钙盐类；
(5) 垂直节理发育；
(6) 有肉眼可见的大孔隙。

当缺乏上述中的一项或几项特征的土称为黄土状土。

黄土按其成因分为原生（或典型）黄土和次生黄土。不具层理的风成黄土为原生黄土。原生黄土经过流水冲刷、搬运和重新沉积而形成的次生黄土，具有层理并含有较多的砂粒甚至细砾。次生黄土的结构强度一般低于原生黄土的结构强度，而湿陷性较大。地质界通常将原生黄土称为黄土，将次生黄土称为黄土状土。

建筑工程主要根据土的物理、力学性质评价其工程特性，一般将黄土和黄土状土统称为黄土。

黄土在一定压力（土自重压力或土自重压力与附和压力）下受水浸湿，结构迅速破坏而发生显著附加下沉的现象，称为湿陷。浸水后产生湿陷的黄土称为湿陷性黄土。不是所有黄土都具有湿陷性。

1.1.2 黄土的成因

土的任何性状都与其成因有关，研究黄土的成因对解决其湿陷问题有一定的意义。黄土的成因主要有风成说、水成说和风化残积说三种观点。

1. 风成说

黄土风成说认为，像亚洲中部（包括我国北方地区在内）的黄土，是由于内陆干旱荒燥、半荒燥区强大的反气旋风从中部吹向外围，把大量的黄土物质吹送到生长草本灌

木的草原地带，逐渐堆积而成的，故称荒漠黄土。

可以从以下几方面的表现来说明：

（1）黄土分布区以北依次出现沙漠和戈壁，三者逐渐过渡，并成带状排列；

（2）黄土区内的西北部分靠近沙漠地区的黄土颗粒较粗，黄土层中夹有风成沙层，越往东南距沙漠越远，其颗粒变得越细；

（3）黄土披盖在多种成因的、形态起伏显著的各种地貌类型上，并保持相近似的厚度；

（4）黄土层中发育有随下伏地貌形态变化的多层埋藏古土壤层；

（5）黄土中含有陆生草原动、植物化石；

（6）黄土的矿物成分具有高度的一致性，但与所在区域的下伏基岩没有多大联系。

这些特征比较充分地说明我国北方黄土是从荒漠地区吹来的风积物，确切地说是风尘堆积物。

2. 水成说

黄土的水成说认为，在一定的地质、地理环境下，成土物质可被各种形式的流水作用所搬运堆积，从而形成各种水成黄土。水成黄土具有层理结构特征。

有人认为水成黄土是原生的风成黄土经过流水搬运，与当地岩石碎屑相混合而成的堆积物，是次生黄土。但次生黄土在黄土高原区只是局部现象，不足以概括全部黄土的成因。

3. 风化残积说

黄土的风化残积说认为，黄土是当地各种岩石在干燥气候条件下经过风化和成土作用而形成的，它不是从外地搬运来的。

风化成土作用在黄土的形成中虽有一定作用，但是，它难以解释数十米以至数百米厚的黄土层中的种种现象，如黄土的均质性和含碳酸钙以及含有古土壤和大型古生物化石等特征。

1.1.3 黄土的分布概况

黄土在地球上分布很广，面积达 1300 万 km^2，约占陆地总面积的 9.3%。

世界上黄土主要分布于中纬度干旱、半干旱地区，广泛分布于大陆内部、温带荒漠和半荒漠地区的外缘，或分布于第四纪冰川地区的外缘。

据粗略估计，世界各大洲黄土覆盖面积占总面积的比例分别为欧洲 7%、北美 5%、南美 10%、亚洲 3%。此外，在澳大利亚和北非等地区也有零星分布。

在欧洲大陆，黄土主要分布在北纬 45°以北的欧洲中部地区，如法国的中部和北部、德国的中部和南部，而以莱茵河流域分布最广。在东欧的罗马尼亚、保加利亚、匈牙利和波兰也有零星分布。在北纬 40°以北的乌克兰、南高加索、乌兹别克斯坦、南西伯利亚和勒拿河中游等地区均分布有黄土。

在北美大陆，黄土主要公布在北纬 40°左右的密西西比河上游地区和墨西哥北部地区。在南美大陆，黄土主要分布在南纬 30°～40°的阿根廷草原地区。

我国黄土分布面积，据中国科学院地质研究所和北京大学地理系所编制的中国黄土分布图为635280km²，占世界黄土分布总面积的4.9%左右，主要分布在北纬33°~47°，而以34°~45°最为发育。在这个区域内，一般气候干燥、降雨量少，蒸发量大，属于干旱、半干旱气候类型。黄土分布地区的年平均降雨量多为250~500mm。年平均降雨量小于250mm的地区很少出现黄土，主要为沙漠和戈壁。年降雨量大于750mm的地区，也基本上没有黄土分布。

黄河中游是黄土的主要分布地区，地层全、厚度大、分布连续、发育好，分布在刘家峡、乌鞘岭以东，三门峡、太行山以西，长城以南，秦岭以北的广大区域内，面积约28万km²。

在黄河下游，即三门峡以东，包括太行山东麓、中条山南麓、冀北山地南麓和山东丘陵地区，都有黄土分布。

在我国东北地区，黄土零星分布在松辽平原，即长白山以西、小兴安岭以南、大兴安岭以东的一些地区。

世界上黄土堆积的厚度以我国为最大。欧洲中部地区的黄土厚度一般只有几米，超过10m的很少，莱茵河谷的厚层黄土有20~30m。俄罗斯境内黄土一般稍厚，局部地区有达40~50m的。北美和南美黄土厚度则较薄，一般为几米到十几米。

据中国科学院地质研究所调查，我国黄土的厚度以黄河中游的黄土塬为最大，其厚度中心在洛河和泾河流域的中下游地区，最大厚度达180~200m。由此向东、西两个方向，黄土厚度逐渐减薄，如西部柴达木和河西走廊一带厚度一般为10~20m，最厚不超过50m。东部大行山东麓和燕山南麓一带厚度为10~40m。

我国湿陷性黄土的分布面积约占我国黄土分布总面积的60%，大部分分布在黄河中游地区。这一地区位于北纬34°~41°、东经102°~114°之间，北起长城附近，南达秦岭，西自乌鞘岭，东至太行山，除河流沟谷切割地段和凸出的高山外，湿陷性黄土几乎遍布本地区的整个范围，面积达27万km²，是我国湿陷性黄土的典型地区。除此以外，在山东中部、甘肃河西走廊、西北内陆盆地、东北松辽平原等地也有零星分布，但一般面积较小，且不连续。

1.1.4 我国黄土地层的划分

我国黄土地层自上而下简述如下：

1. 全新世黄土

全新世黄土简称 Q_4 黄土，形成于距今5000年内。一般土质疏松，具有湿陷性。底部有厚0.7~1.3m的黑垆土。厚度较薄，但在塬、梁、峁坡脚、山洞沟谷、狭窄河流的低级阶地上覆盖较厚。分两个亚层：全新世早期堆积黄土，简称 Q_4^1 黄土；全新世新近堆积黄土，简称 Q_4^2 黄土，由于形成年代短，成岩作用差，很疏松，往往压缩性高，强度低，并具有湿陷性。厚度一般为3~8m，但最厚可达15~20m。

2. 晚更新世黄土

晚更新世黄土简称 Q_3 黄土，形成于距今100000~5000年之间。其标准剖面在北京西北丰沙铁路雁翅车站以西23km的斋堂村马兰山谷的阶地上可找到，所以又叫马兰黄土。粒度成分以粉粒为主，粉粒和黏粒含量较早期黄土为少。质地较均匀，但较疏松，有用肉眼可见的大孔隙，具湿陷性或强烈湿陷性，有些地区还有黄土溶洞（黄土喀斯特）。

3. 中更新世黄土

中更新世黄土简称 Q_2 黄土，形成于距今 700000～100000 年之间。其标准剖面在山西省离石区可找到，所以又叫离石黄土。粒度成分以粉粒为主，粉粒和黏粒含量较马兰黄土为高。质地较均匀、致密。分上、下两部分：下部黄土色灰褐，较坚实，夹有 4～8 层红褐色古土壤；上部黄土呈浅灰褐色，无湿陷性或有轻微湿陷性。厚度为 50～70m，但在黄河中游最厚可达 170m，并成为该区黄土地层的主体。

4. 早更新世黄土

早更新世黄土简称 Q_1 黄土，形成于距今 1200000～700000 年之间。其标准剖面在山西省隰县午城镇可找到，所以又叫午城黄土。粒度成分以粉粒为主，粉粒和黏粒含量较后期黄土为高。夹 17～18 层密集钙质结核层，是古土壤钙化的遗物。底部常有砾石层和砂层与较老地层不整合接触。质地较均匀，致密坚实，压缩性低，无湿陷性。分布较少，一般在古地形低洼的地方可见到，厚度为 40～100m。

由于古气候和古地形不尽相同，上述 Q_1 到 Q_4 黄土往往并非完全按形成年代顺序整合接触，如有的在上层并无 Q_3 和 Q_4 黄土覆盖，Q_2 黄土直接出露地表；有的下层见不到 Q_1 黄土，Q_2 黄土直接与基岩石或第三纪红土接触；有的只有 Q_3、Q_4 黄土，而下部 Q_1、Q_2 黄土缺失。

我国地质学界将午城黄土和离石黄土统称为老黄土，而将马兰黄土和全新世各种成因形成的黄土状土统称为新黄土。

我国黄土地层的划分见表 1-1。

表 1-1 我国黄土地层的划分

时代		地层的划分	说明
全新世（Q_4）黄土	晚期（Q_4^2）	新黄土	黄土状土	一般具湿陷性
	早期（Q_4^1）			
晚更新世（Q_3）黄土			马兰黄土	
中更新世（Q_2）黄土		老黄土	离石黄土	上部部分土层具湿陷性
早更新世（Q_1）黄土			午城黄土	不具湿陷性

1.1.5 我国黄土地区的地貌

我国黄土地区的地貌有平原、丘陵、高原、山地等四种类型。在黄河中游地区，这四类地区都有，而且比较典型。

在工程地质方面，常将黄土地区地貌分为两大类，即高原类和河谷类。

1. 高原类

黄土高原的地形明显受到下伏古地形的影响。在古地形平坦开阔处，覆盖其上的黄土形成塬；在古地形起伏变化较剧烈的地段，覆盖其上的黄土形成梁或峁。

塬的地形平坦，面积宽广，黄土厚度达百余米到几百米。

梁的地形为长条形，长达几千米到几十千米，梁顶宽由几十米到几百米，两侧为深沟，分布于陕北（如宜君梁）、晋西南、陇东北部和陇西北部等地。

峁为穹形的黄土丘陵地形，面积大小不一，有圆形和椭圆形多种。峁的坡度变化在 15°～35°之间，分布于陇西、陇东和陕北的北部等地。塬、梁、峁都由原生黄土构成，厚度较大。

2. 河谷类

在河谷内有两种不同的阶地类型。

（1）宽广的堆积阶地。阶面开阔，在陕西关中、河南西部和山西汾河河谷分布较广。

（2）侵蚀阶地。主要分布于河谷水流速度过快的地区。

根据河谷的发育情况，可将阶地划分为若干级，如渭河河谷有四级阶地：一、二级阶地低而新，地形平坦；三、四级阶地高而老，与高原的丘陵地形差不多。一级阶地黄土的湿陷性较弱，一级阶地以下的河漫滩黄土往往没有湿陷性。

建筑工程大多分布在河谷地带的一、二级阶地上，在高级阶地上较少。

1.2 黄土的微结构特征

土的结构是指土的颗粒组成、土粒形状及其相互排列、土粒表面特性、土粒间胶结情况和孔隙特征等，土的结构特殊性与其物理力学性质密切相关。

构成黄土空间结构体系的支柱是骨架颗粒，其形态表征传力性能和变形特性，其连接形式直接影响黄土结构体系的胶结强度，而排列方式决定结构体系的稳定性。

1.2.1 黄土的微结构特征及骨架颗粒形态

黄土的现存结构状态，是它整个历史形成过程中的综合产物，决定着黄土结构本身在新的条件下的变化倾向。例如湿陷性黄土的特征是低含水量、高孔隙率和碳酸盐含量高的粉质壤土，因之遇水有崩解湿陷的特性。

双目显微镜下观察表明，黄土有其特殊的显微结构。它由结构单元（单矿物、集合体和凝块）、胶结物（黏粒、有机质、$CaCO_3$）和孔隙（大孔隙、架空孔隙和粒间孔隙等）三部分组成。黄土以粗粉粒（0.05～0.01mm）为主体。较大砂颗粒（＞0.05mm）含量较少，粗粉粒构成黄土的骨架，而细粉砂、黏土和腐殖质等胶结物质附在砂颗粒的表面，特别集中地聚集在大颗粒的接触点。它们与易溶盐形成的溶液与沉积在该处的碳酸钙和硫酸钙一起形成了胶结性的连接，构成黄土的微结构特征。

从显微图像中发现黄土的显微结构有着明显的区域性变化规律，由西北的粒状、架空接触式结构，逐渐过渡到东南的凝块、镶嵌胶结式结构。这种显微结构明显的地区性变化和工程地质界所发现的湿陷性由西北向东南逐渐减弱的趋势相吻合。

黄土微结构特征表明，从空间结构体系的力学强度和稳定性角度分析，构成黄土结构体系的支柱是骨架颗粒。骨架颗粒形态表征传力性能和变形性质；骨架颗粒的连接形式直接影响黄土结构体系的胶结强度；骨架颗粒的排列方式决定结构体系的稳定性。此外，黏胶粒的赋存状态和碳酸钙的存在形式也对黄土的结构特征有着重要影响。

骨架颗粒的形状可分为粒状和凝块状两类。粒状又分为单粒和全由黏胶微细碎屑碳酸盐胶结成的集粒。观察表明，碎屑矿物传力刚度好，集粒形态在西北地区一般具有较大的刚性，在东南地区表现为外形柔软刚性不足，集粒形态的这种地区性变化，无疑与气候条件有关。气候干燥，集粒中的碳酸钙保存得较好，集粒具有刚性；气候潮湿，集粒中的碳酸钙被淋失，集粒变软。上述集粒的性质正好说明西北地区（兰州）黄土具有强烈湿陷性和自重湿陷性，而东南地区（洛阳）黄土具有轻微湿陷性或不湿陷的特性。

1.2.2 黄土骨架颗粒的连接形式

黄土骨架颗粒间的相互连接是黄土结构体系中的重要环节。显微图像显示出连接形式有点接触和面胶结两种形式。点接触一般是颗粒直接接触，接触面小，颗粒之间包裹着集粒的黏土膜、盐晶膜。这种连接多出现在气候干燥的西北（如兰州）。连接强度主要由接触造成的原始凝聚力和盐晶胶膜造成的加固凝聚力所形成。由于接触面积小而且在水浸入情况下部分盐晶溶解，水膜楔入微隙削弱了连接强度，残余强度不大，在极小的压力作用下，这些接触点的断裂或错动，使结构连接遭到破坏，因而容易发生湿陷和自重湿陷，湿陷的速度也较快。面接触的接触面积较大，接触处有较厚的黏土膜或黏土片和盐晶膜，形成这种连接形式的原因可能是集粒或外包黏土颗粒表面刚度不足，在外力作用下粒间接触面积增大。这种接触一般发生在中部和东南地区。当浸水时，其残余强度比点接触高，不会发生自重湿陷，湿陷的速度也较慢。

1.2.3 黄土骨架颗粒的排列方式和孔隙

黄土中孔隙形状、大小和性质，据观察有与骨架颗粒排列方式有关的大孔隙、架空孔隙和粒间孔隙等。大孔隙孔壁的颗粒多为碳酸钙胶结，呈筒壁状，结构稳定。架空孔隙是由一定数量的骨架颗粒堆积所造成的，孔径远比构成孔隙的颗粒大。当水湿后削弱了连接强度，在一定压力下失去稳定，孔隙周围颗粒落入孔内，形成湿陷。粒间孔隙是指颗粒在平面上呈犬牙交错排列，在空间上呈镶嵌排列所形成的粒间隙缝，结构比较稳定（图 1-1）。架空孔隙和粒间孔隙在黄土中并存。由于气候干燥，盐晶胶结形成的加固凝聚力，阻碍了土体的有效压密，架空排列占优势，易受水浸湿而湿陷。在一定压力条件下，被水浸湿后的黄土中镶嵌排列占优势，一般不具湿陷性。

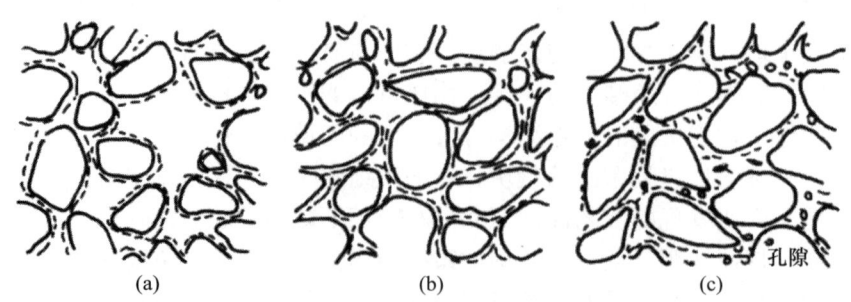

图 1-1 黄土孔隙类型
(a) 大孔隙；(b) 架空孔隙；(c) 粒间孔隙

以上所述我国黄土的显微结构特征，有着明显的区域性变化规律，即由西北地区的粒状架空接触结构，逐渐过渡到东南地区的凝块镶嵌胶结结构。

1.2.4 黄土的微结构分类

关于黄土的微结构分类，国内外学者提出多种分类。高国瑞通过对我国各地黄土显微结构的分析，将我国黄土微结构划分为12种类型。王永焱等认为黄土中的矿物颗粒接触、孔隙和胶结程度是微结构的明显特征，将黄土的微结构划分为三种结构组合和6种结构类型。上述两种分类都比较复杂，可参考有关专著。

雷祥义教授通过对我国各地区黄土显微结构的分析，将黄土显微结构划分为6种类型（表1-2），按照其反映湿陷性强弱程度和风化成土作用程度排列，比较简单明确。

表1-2 黄土的显微结构类型

湿陷性由强减弱直至消失 ↓	风化成土作用由弱增强 ↓	扫描镜下	结构组合	偏光镜下	地质时代由新到老 ↓	区域上由西北向东南 ↓
		1. 支架大孔微胶结结构； 2. 镶嵌微孔微胶结结构	微胶结结构组合	1. 细砂质接触胶结结构		
		3. 支架大孔半胶结结构； 4. 镶嵌微孔半胶结结构	半胶结结构组合	2. 细砂-粗粉砂质接触孔隙胶结结构； 3. 粗粉砂-细砂质孔隙接触胶结结构		
		5. 絮凝状胶结结构； 6. 凝块状胶结结构	胶结结构组合	4. 粗粉砂质孔隙胶结结构； 5. 粗粉砂质基底孔隙胶结结构； 6. 粗细粉砂质基底孔隙胶结结构； 7. 细粉砂质基底胶结结构		

1.2.5 黄土的胶结物质和胶结类型

黄土的强度主要取决于颗粒胶结物质的成分和性质。黄土中的胶结物质主要是黏土矿物和碳酸钙，其次是其他水溶盐和腐殖质等。黄河中游地区黏土矿物成分中：伊利石占62%，高岭石占10%，绿泥石占12%，蒙脱石占16%；易溶盐含量不大于2%，中溶盐极少，难溶盐含量高达2%～17.8%；有机质含量不大于2%。

细分散黏粒具有高活动性，它们具有相当大的比表面积，能聚集和吸附在较大颗粒表面上，有助于集粒的形成或在碎屑颗粒表面形成一定厚度的黏土薄膜。黏粒能形成一种随土的含水量变化有不同强度的结构联系。黏土矿物成分在一定程度上体现着黄土的湿陷性，它们以不同的方式同孔隙中的水溶液互相起作用。如高岭石能促成黄土湿陷的发生和发展，而蒙脱石具有特殊的膨胀性质，能阻止湿陷过程的发展。西北地区黄土的大部分黏胶粒被碳酸钙胶结成集粒或胶结在碎屑颗粒的周围，作为一个整体成为骨架。东南地区的黄土随着碳酸钙的淋失，部分黏粒分布在孔隙中，使颗粒间由接触连接变为胶结连接，黏粒赋存状态的改变发挥了黏粒表面活性作用。

碳酸钙（$CaCO_3$）在黄土中含量最多，为10.75%～15.80%，对黄土强度的形成起很大作用，其可溶性很低，能够在黄土中长期保留下来，但是，随着孔隙水溶液中溶解二氧化碳的增加，溶于水中的碳酸钙也会增加。如前所述碳酸钙的赋存状态不同，对黄土强度的影响也不同。

石膏（$CaSO_4 \cdot 2H_2O$）作为矿物颗粒间的胶结物质，能赋予黄土强度和稳定性，其含量为0.01%～1.44%，平均为0.3%。它的溶解会引起凝聚性的破坏，由于石膏在水中的可溶性较弱，所以对初期的湿陷过程几乎没有影响，随着长期的溶解和淋出，对以后黄土的软化将带来重大影响。湿陷性黄土中水溶盐含量一般比非湿陷性黄土中略多。

由腐殖质胶体颗粒黏合在一起形成的一部分集粒，能在水的多次作用下保持稳定。此外由三氧化二铁、二氧化硅化合物等胶结物构成的集粒，其抗水性能很好。

按照天然黄土中不同大小集粒在水溶液中的稳定性可以将集粒分为以下四类：

（1）非水稳性集粒，遇水后随即破坏，系由易溶盐和可逆干胶膜（由于干湿循环胶膜上易有微裂隙）的胶结作用形成，浸水压缩试验中的湿陷量基本上是该集粒破坏引起的。

（2）水稳性集粒，遇水后不会立即破坏，但长期浸泡在水中也会引起破坏。粒间连接多为有机质及中溶盐（石膏）胶结而成。

（3）抗水性集粒，系由胶体化学作用形成的连接，能与溶液中的钠阳离子置换吸收钙阳离子而破坏。

（4）高抗水性集粒，系由在水中不破坏的二氧化硅和三氧化二铁胶结其颗粒而成。

上述各种集粒在黄土中都能见到，只是所占比重大小不同。黄土中遇水不稳定集粒越多，湿陷性就越大，在水中崩解性也越大。结构特征表征黄土的本质性质，直接影响黄土变形强度。近年来国内外学者十分重视这一问题，做了不少调查、试验研究工作。本部分仅叙述其扼要，详细情况可参考有关专著。

1.3 湿陷性黄土的分布与特征

1.3.1 我国湿陷性黄土的分布概况

我国湿陷性黄土主要分布在山西、陕西、甘肃的大部分地区，河南西部和宁夏、青海、河北的部分地区，面积达44万km^2。此外，新疆维吾尔自治区、内蒙古自治区和山东、辽宁、黑龙江等省的局部地区亦分布有湿陷性黄土。

湿陷性黄土是一种非饱和的欠压密土，具有大孔和垂直节理，在天然湿度下，其压缩性较低，强度较高，但遇水浸湿时，土的强度显著降低，在附加压力或在附加压力与上覆土的自重压力下，引起的湿陷变形是一种下沉量大、下沉速度快的失稳性变形，对建筑物危害性大。因此，在湿陷性黄土地区进行建设，应根据湿陷性黄土的特点和工程要求，因地制宜地采取以地基处理为主的综合措施，防止地基受水浸湿引起湿陷对建筑物产生危害。

防止或减小湿陷性黄土地基受水浸湿引起湿陷的综合措施，可分为地基处理、防水措施和结构措施三种。其中，地基处理措施主要用于改善土的物理力学性质，减小或消除地基的湿陷变形；防水措施主要用于防止或减少地基受水浸湿；结构措施主要用于减小和调整建筑物的不均匀沉降，使上部结构适应湿陷性黄土地基的变形。

湿陷性黄土的特性有以下几种：

(1) 在土自重压力或在土自重压力与附加压力的共同作用下，受水浸湿后发生显著附加下沉；
(2) 孔隙比一般在 1 左右，并具有用肉眼可见的大孔隙；
(3) 颗粒组成以粉砂为主（粒径 0.05～0.005mm），约占 60%；
(4) 含有大量的可溶盐；
(5) 颜色为黄色和褐黄色；
(6) 天然剖面形成垂直节理。

湿陷性黄土一般都覆盖在下卧的非湿陷性黄土层上，其厚度以六盘山以西地区较大，最大厚度达 30m；六盘山以东地区稍薄，例如，汾渭河谷的湿陷性黄土厚度多为几米到十几米。再向东至河南西部则更小，并且常有非湿陷性黄土层位于湿陷性黄土层之间。

我国部分地区湿陷性黄土的厚度可见表 1-3。

表 1-3 我国部分地区湿陷性黄土的厚度（m）

区域	地点	一级阶地	二级阶地	三、四级阶地
陇西地区	西宁	0～4.5	4～15	
	兰州	0～5.0	5～16	27
	天水	0～3.0	3～7	
陇东—陕北地区	固原	0～5.0	15	
	延安	0～4.5	6	—
	平凉	—		
关中地区	宝鸡	—	—	
	虢镇	6～11	6～11	5
	西安	6～9	6～9	—
	乾县	0～3	5～10	5～14
	蒲城	—	—	6～13
河南地区	三门峡	8	8	8～12
	洛阳	0～3	5～8	<8
山西地区	太原	2～10	—	—
	临汾	8～9		17
	侯马	6		10

1.3.2 湿陷性黄土的性质

1. 湿陷性黄土的物理性质

黄土由固态、液态、气态三相所组成，其三相组成间质量体积的比例关系，可以反映出土的一系列物理性质，这些性质常用一些指标表示，如颗粒组成、土粒相对密度、含水量、密度、孔隙比、孔隙率、饱和度、液限、塑限、塑性指数、液性指数等。湿陷性黄土的颗粒组成见表 1-4。

研究黄土的物理性指标及其与湿陷性质的关系，在工程上具有一定的实际意义。

表 1-4　湿陷性黄土的颗粒组成（%）

地区	粒径（mm）		
	砂粒（>0.05）	粉粒（0.05~0.005）	黏粒（<0.005）
陕西	20~29	58~72	8~14
陕北	16~27	59~74	12~22
关中	11~25	52~64	19~24
山西	17~25	55~65	18~20
豫西	11~18	53~66	19~26
总体	11~29	52~74	8~26

2. 土粒相对密度和天然含水量

黄土的相对密度一般为 2.51~2.84，平原地区的黄土则大多在 2.62~2.76 范围内。相对密度的大小与土的颗粒组成有关，当粗粉粒和砂粒含量较多时，相对密度常在 2.69 以下；如黏粒含量多，则相对密度多在 2.72 以上。

由于黄土的颗粒组成与其液限、塑限有一定关系，因而可以建立塑性指数与相对密度之间的对应关系（表 1-5）。

表 1-5　湿陷性黄土土粒塑性指数 I_P 与相对密度 d_s 的统计关系

I_P	土粒相对密度 d_s
<7	2.67
7~10	2.69
10~13	2.71
13~17	2.72
>17	2.73~2.74

3. 干密度和孔隙比

干密度是衡量土密实程度的一个重要指标，与土的湿陷性也有较明显的关系。一般：干密度小，湿陷性强；反之，则弱。

湿陷性黄土干密度的变化范围一般在 1.14~1.69g/cm³ 之间。当黄土在形成过程中，由于前期固结压力大，土已经被压密，干密度超过某一数值后，黄土就由湿陷性的转变为非湿陷性的。对于黄土状粉质黏土，当干密度达到 1.5g/cm³ 以上时，一般都属于非湿陷性。但对于洪积、冲积成因的、颗粒较粗的黄土状黏质粉土或新近堆积黄土，则干密度超过 1.5g/cm³ 仍有可能具有湿陷性。

湿陷性黄土的密实程度也常用孔隙比或孔隙率来表达。湿陷性黄土孔隙比的变化范围为 0.85~1.24，大多数在 1.0~1.1 之间。孔隙比与干密度成反比关系。大多数情况下，土的孔隙比随着埋藏深度的增加而减小。

4. 含水量和饱和度

湿陷性黄土的天然含水量在 3.3%~25.3% 之间变化，其大小与场地的地下水位深度和年平均降雨量有关。在多数情况下，黄土的天然含水量都较低。在塬、梁、峁上的黄土，由于地下水位埋藏较深，含水量通常只有 6%~10%；低阶地上的黄土则由于地下水位较高，其含水量在 11%~21% 之间，地下水位以下的饱和黄土，含水量可达 28%~40%。

湿陷性黄土的饱和度在15%～77%之间变化，多数为40%～50%，亦即处于稍湿状态。稍湿状态的黄土，其湿陷性一般较很湿的强。随着饱和度的增加，湿陷性减弱。当饱和度接近于80%时，湿陷性已基本消失。

5. 稠度指标

稠度指标包括液限、塑限、塑性指数和液性指数，它们反映了水对土的性状的影响。

湿陷性黄土的液限和塑限分别在20%～35%和14%～21%之间变化，塑性指数为3.3～17.5，大多数为9～12；液性指数在零上下波动。在塬、梁、峁和高阶地上的黄土，由于含水量常低于塑限，其液性指数小于零，低阶地黄土则在0～0.5之间变动，地下水位以下黄土（属于非湿陷性的）的液性指数则接近或大于1.0。所以，大多数处于坚硬或硬塑状态，承载力较高，压缩性为中等或偏低。少部分黄土（主要是新近堆积黄土）处于可塑或软塑状态。

液限是决定黄土力学性质的一个重要指标，当液限在30%以上时，黄土的湿陷性较弱，且多为非自重湿陷性的。而液限小于30%时，湿陷性一般较强烈。我国新、旧黄土规范在确定土的容许承载力时也都考虑了液限这一因素，液限越大，承载力越高。

1.3.3 湿陷性黄土的压缩性

湿陷性黄土的力学性质主要包括压缩性、湿陷性、抗剪强度和渗水性，其中以湿陷性最为重要。

压缩性是土的一项重要工程性质，它反映地基土在外荷作用下产生压缩变形的大小。对湿陷性黄土地基，压缩变形是指地基土在天然含水量条件下受外荷作用所产生的变形，不包括地基受水浸湿后的湿陷变形。湿陷性黄土的压缩性指标用压缩系数a、压缩模量E_s和变形模量E_o表示。

由于我国湿陷性黄土地基的容许承载力一般不超过200kPa，因此，按压缩曲线计算压缩系数和压缩模量的压力区间采用100～200kPa，也即：

$$a_{1\sim2}=\frac{e_1-e_2}{p_2-p_1}=\frac{e_1-e_2}{2-1}=e_1-e_2 \tag{1-1}$$

$$E_{s_{1\sim2}}=\frac{1+e_1}{a_{1\sim2}} \tag{1-2}$$

式中 e_1、e_2——土样在100kPa和200kPa压力下压缩稳定后的孔隙比；

p_1——压力，取值为100kPa；

p_2——压力，取值为200kPa。

$a_{1\sim2}$——压力区间为100～200kPa时的压缩系数（MPa^{-1}）；

$E_{s_{1\sim2}}$——相应于上述压力的压缩模量（MPa）。

对于新近堆积黄土，压缩系数的峰值出现较早，因此计算a和E_s的压力区间宜取50～150kPa或50～100kPa。深度在10m以下的黄土层，自重压力较大，相应的压力区间则宜取100～300kPa或200～300kPa。判定黄土压缩性的标准与一般黏性土相同，即：$a_{1\sim2}\geqslant0.5MPa^{-1}$，为高压缩性土；$0.1MPa^{-1}\leqslant a_{1\sim2}<0.5MPa^{-1}$，为中压缩性土；$a_{1\sim2}<0.1MPa^{-1}$，为低压缩性土。

我国各地湿陷性黄土的压缩系数一般在 $0.1\sim1\mathrm{MPa}^{-1}$ 之间变化。

一般在中更新世末期和晚更新世早期形成的湿陷性黄土，压缩性多为中等偏低，少量为低压缩性土；晚更新世末期和全新世时期黄土则压缩性多为中等偏高，有的甚至为高压缩性；新近堆积黄土的压缩性多数较高，最高可达 $1.5\sim2\mathrm{MPa}^{-1}$。

压缩模量系通过压缩系数换算而得，一般在 $2000\sim20000\mathrm{kPa}$ 之间变化。

压缩系数和压缩模量都是通过室内压缩试验得来的。

1.3.4 影响黄土湿陷性的主要因素

湿陷性是新黄土（Q_3、Q_4）的一大力学特性，对黄土湿陷性的研究均以室内浸水压缩试验和原位浸水试验为主要手段。以湿陷系数（δ_s）为评价黄土湿陷性的主要指标，是湿陷性黄土地基分类划级、预测湿陷量的依据。根据多年的实践经验，我国黄土由于初始含水量、物理力学性质、应力状态和成因时代等不同，有的土层表现为自重湿陷性黄土，有的土层表现为湿陷性和非湿陷性黄土，这些都为建筑工程场地评价增加了困难。一般对于场地评价需对场地范围各地层取样试验，确定湿陷系数，工作量相当大，消耗大量时间和人力。为了节约人力和时间，许多学者曾努力探究湿陷系数与黄土的结构特征、物理性指标间的关系，建立其相关关系，推算湿陷系数。例如干重度（γ_d）、湿重度（γ）、孔隙比（e）和初始含水量等。由于这些指标均较稳定且易于测定，误差小，而湿陷系数随试验条件和测试技术等不同变化幅度较大，影响了评价的精确度。本节的主要目的就是用统计分析方法建立湿陷系数与黄土的物理性有关指标间的关系，总结实践经验找出规律，减小试验工作量，逐渐达到在工地现场能对黄土地基做出评价。

1.4 湿陷性黄土地基的处理原则

湿陷性黄土是一种非饱和的欠压密土，具有大孔和垂直节理，在一定压力下受水浸湿，土结构迅速破坏，并产生显著附加下沉，对工程建设危害性大。因此，《湿陷性黄土地区建筑标准》（GB 50025—2018）规定，在湿陷性黄土地区进行建设，应根据湿陷性黄土的特点和工程要求，采取以地基处理为主的综合措施，防止地基受水浸湿引起湿陷，以保证建筑物的安全和正常使用。

湿陷性黄土地基处理，一般在其竖向或横向采用夯实挤密的方法，使处理范围内土的孔隙体积减小，干密度增大，压缩性降低，承载力提高，湿陷性消除。它与其他类土的地基处理为了提高强度和减小压缩性的目的不完全相同，故其他类土的地基处理方法对湿陷性黄土地基不一定适用。同样，处理湿陷性黄土地基的方法，对其他类土地基也不一定适用。

1.4.1 湿陷性黄土地基的处理原则

1. 湿陷性黄土地基处理的必要性

湿陷性黄土在天然湿度下，其压缩性较低，强度较高，但遇水浸湿时，土的强度则显著降低，在附加压力或在附加压力与土的饱和自重压力作用下引起的湿陷变形，是一种下沉量大、下沉速度快的失稳性变形。工程实践表明，当工业与民用建（构）筑物的地基不处理或处理不足时，建筑物在使用期间，由于各种原因的漏水或地下水位上升往往引起湿陷事故。因此，在湿陷性黄土地区进行工程建设，对建筑物地基需要采取处理措施，以改善土的物理力学性质，减小或消除湿陷性黄土地基因浸水引起的湿陷变形，保证建筑物安全使用。

湿陷性黄土地基的变形，包括压缩变形和湿陷变形。压缩变形是地基土在天然湿度下由建筑物的荷载所引起的，并随时间增长而逐渐减小，稳定较快，建筑物竣工后一年左右即趋于稳定。湿陷性黄土地区的年降雨量稀少（300~500mm），蒸发量远大于年降雨量，属于干旱及半干旱气候地区，湿陷性黄土的天然湿度一般为10%~22%，其饱和度大多在40%~60%。当基底压力不大于地基土的承载力设计值时，压缩变形值很小，通常不超过上部结构的容许变形值，对建筑物不致产生有害影响。故从压缩变形的角度考虑，除对压缩性较高、承载力较低的新近堆积黄土及高湿度黄土需要处理地基外，对压缩性较低、承载力较高的黄土可不对地基采取处理措施。

湿陷变形是当地基的压缩变形还未稳定或稳定后，在建筑物的荷载未改变的情况下，由于地基受水浸湿引起的附加即湿陷变形。它经常是局部和突然发生的，而且很不均匀，尤其是地基受水浸湿初期，一昼夜内往往可产生15~25cm的湿陷量，因而上部结构很难适应和抵抗这种量大、速度快及不均匀的地基变形，故对建筑物的破坏性较大，危害性较严重。

2. 湿陷性黄土地基处理的目的

（1）消除其全部湿陷量，使处理后的地基变为非湿陷性黄土地基，或采用深基础、桩基础穿透全部湿陷性黄土层，使上部荷载通过深基础、桩基等转移至压缩性低的非湿陷性黄土（岩）层上，防止地基产生湿陷；

（2）消除地基的部分湿陷量，减小拟处理地基的总湿陷量，控制下部未处理湿陷性黄土层的剩余湿陷量不大于设计规定的数值。

3. 湿陷性黄土地基处理原则

（1）鉴于甲类建筑的重要性、地基受水浸湿的可能性和使用上对不均匀沉降的严格限制等与其他类建筑都有所不同，而且甲类建筑的投资规模大、工程造价高，一旦出问题，后果很严重，在政治上或经济上将造成巨大影响和损失。为此，不允许甲类建筑出现任何破坏性的变形，也不允许因变形而影响使用，故对其处理从严，要求消除地基的全部湿陷量。

（2）乙、丙类建筑涉及面广，如果地基处理过严，将增加建设投资，不符合我国湿陷性地区现有的技术经济水平，因此只要求消除地基的部分湿陷量，然后根据地基处理的程度或剩余湿陷量的大小，采取相应的防水措施和结构措施，以弥补地基处理的不足，防止建筑物产生有害变形，确保其整体稳定和主体结构的安全。地基一旦浸水湿陷，那么次要部位就会出现裂缝，为利于修复，应保持其正常使用。

1.4.2 湿陷性黄土地基处理厚度的确定

湿陷性黄土地基的湿陷变形包括由基底附加压力与上覆土的饱和自重压力（以下简称"外荷"）引起的湿陷和仅由浸湿土体的饱和自重压力引起的湿陷两种。由外荷引起的湿陷，在基础底面下产生竖向位移的同时，还伴随着明显的侧向位移，并与基础形式、基底面积及其压力大小有关。测试结果表明，由外荷引起的湿陷，通常发生在基础底面下一定深度（受力层）的湿陷性黄土层内，而由浸湿土体的饱和自重压力引起的自重湿陷，往往发生在全部湿陷性黄土层内，并与湿陷性黄土层的厚度及自重湿陷系数与深度的分布有关。

湿陷性黄土地基的处理厚度，根据其变形范围，可分为处理湿陷变形范围内的全部湿陷性黄土层和处理湿陷变形范围内的部分湿陷性黄土层两种。前者在于消除建筑物地基的全部湿陷量，后者在于消除建筑物地基的部分湿陷量。

试验研究成果表明，在非自重湿陷性黄土场地，仅在上覆土的自重压力下受水浸湿，往往不产生自重湿陷或自重湿陷量小于 7cm。在外荷作用下，建筑物地基受水浸湿后的湿陷变形范围，通常发生在基础底面以下各土层的湿陷起始压力值（p_{ski}）小于或等于该层底面处的附加压力（p_{zi}）与土的自重压力（p_{czi}）之和的全部湿陷性黄土层内。湿陷变形范围以下的湿陷性黄土层由于附加应力很小，地基即使充分受水浸湿，也不会产生湿陷变形，故对非自重湿陷性黄土地基，消除其全部湿陷量的处理厚度，应将基础底面以下附加压力与上覆土的饱和自重压力之和大于或等于湿陷起始压力的所有土层进行处理，即：

$$p_{zi} + p_{czi} \leqslant p_{shi} \tag{1-3}$$

式中 p_{zi}——地基处理后下卧层顶面的附加压力（kPa）；

p_{czi}——地基处理后下卧层顶面的土自重压力（kPa）；

p_{shi}——地基处理后下卧层顶面土的湿陷起始压力（kPa）。

当湿陷起始压力资料不能满足设计要求时，消除地基全部湿陷量的处理厚度，可按受压层深度的下限确定，处理至附加压力等于土自重压力 20%（$p_z = 0.2 p_{cz}$）的土层深度止。

在自重湿陷性黄土场地，建筑物地基浸水时，外荷湿陷与自重湿陷往往同时产生，处理基础底面下部分湿陷性黄土层，只能减小地基的湿陷量。欲消除建筑物地基的全部湿陷量，应处理基础底面以下的全部湿陷性黄土层。

1.4.3 湿陷性黄土地基处理宽度的确定

建筑物的地基处理，在平面上可分为局部处理和整片处理。前者是在独立（方形或矩形）基础或条形基础底面下进行处理，使基底压力得以扩散，以减小下卧层顶面的附加应力；后者是在整个建筑物的平面范围内（包括基础底面以下）进行处理，以增强防水效果。

在未处理的湿陷性黄土地基上所做的浸水荷载试验结果表明，面积较小的独立基础和条形基础下，土的侧向位移占总湿陷量 40%～60%，其侧向位移范围一般发生在距基底边缘 0.5～0.75 乘以基础宽度内。因此，为防止或减小湿陷性黄土地基的湿陷变形，应将基础下可能发生侧向位移的所有土层包括在处理范围以内，以阻止其侧向挤出。局部处理超出基础底面的宽度：对非自重湿陷性黄土地基，每边不宜小于基础短边长度乘以 0.25，并不应小于 0.5m；对自重湿陷性黄土地基，每边不宜小于基础短边长度乘以 0.75，并不应小于 1.0m。也可分别计算：

非自重湿陷性黄土地基：

1 概 述

$$A = 1.5a(b+0.5a) \tag{1-4}$$

自重湿陷性黄土地基：

$$A = 2.5a(b+1.5a) \tag{1-5}$$

式中 A——拟处理地基的面积（m^2）；

a、b——基础底面短边、长边的长度（m）。

局部处理超出基础底面的宽度较小，地基处理后，地面水及管道漏水等仍可从基础侧向渗入下部未处理的湿陷性黄土层引起湿陷。对地基受水浸湿可能性大的建筑物，不宜采用局部处理。

整片处理超出建筑物外墙基础外缘的宽度，每边不宜小于拟处理土层厚度的1/2，并不应小于2m。整片处理兼有防水、隔水作用，在地下水位不可能上升的自重湿陷性黄土场地，当未消除地基的全部湿陷量时，对地基受水浸湿可能性大或有严格防水要求的建筑物，宜采用整片处理；当地下水位有可能上升时，应考虑水位上升后，对下部未处理的湿陷性黄土层引起湿陷的可能性。

1.4.4 湿陷性黄土地基常用处理方法的选择

湿陷性黄土地基的处理应根据建筑物的类别、场地的湿陷类型、湿陷性黄土的厚度、湿陷系数、自重湿陷系数、湿陷起始压力沿土层深度的分布，并考虑因地制宜、就地取材、保护环境以及施工条件的可能性等因素，通过技术经济综合分析比较后，选用表1-6中的一种或几种相结合的处理方法。

表1-6　湿陷性黄土地基的处理方法

方法名称	适用范围	可处理的湿陷性黄土层厚度（m）
垫层法	地下水位以上	1～3
强夯法	$S_r \leqslant 60\%$ 的湿陷性黄土	3～12
挤密法	$S_r \leqslant 65\%$，$\omega \leqslant 22\%$ 的湿陷性黄土	5～25
预浸水法	湿陷程度中等至强烈的自重湿陷性黄土场地	地表下6以下的湿陷性土层
注浆法	可灌性较好的湿陷性黄土（需试验验证注浆效果）	现场试验确定
其他方法	经试验研究或工程实践证明行之有效	现场试验确定

地基处理施工前，对已选定的地基处理方法，宜在有代表性的场地上进行试验或试验性施工，通过必要的测试，以检验设计参数和处理效果。当不满足设计要求时，应查明原因采取措施或修改设计。

垫层法中垫层材料可选用土、灰土和水泥土等，不应采用砂石、建筑垃圾、矿渣等透水性强的材料。当仅要求消除基底下1～3m湿陷性黄土的湿陷量时，可采用土垫层。当同时要求提高垫层的承载力及增强水稳性时，宜采用灰土垫层或水泥土垫层。

灰土垫层中的消石灰与土的体积配合比宜为2∶8或3∶7，回填料含水量较大时宜采用较高的消石灰配合比。水泥土垫层中水泥与土的配合比宜通过试验确定，无经验时，水泥掺量可采用土质量的7%～12%。

强夯法适用于处理地下水位以上、含水量10%～22%且平均含水量低于塑限含水量1%～3%的湿陷性黄土地基。当强夯施工产生的振动和噪声对周边环境可能产生有害影响时,应评估采用强夯法的适宜性。

强夯法处理湿陷性黄土地基的设计内容应包括夯实厚度、强夯能级、处理平面范围及夯点排布、起夯标高、夯击遍数和夯点击数等参数。

挤密法根据成孔工艺,可分为挤土成孔挤密法和预钻孔夯扩挤密法。宜选用振动沉管法、锤击沉管法、静压沉管法、旋挤沉管法、冲击夯扩法等挤土成孔挤密法。

甲类、乙类建筑或缺乏建筑经验的地区采用挤密法时,应在工程现场选择有代表性的地段进行试验或试验性施工,取得需要的设计参数后,再进行地基处理设计和施工。

预浸水法宜用于处理自重湿陷性黄土层厚度大于10m、自重湿陷量的计算值不小于500mm的场地。浸水前宜通过现场试坑浸水试验确定浸水时间、耗水量和湿陷量等。

地基采用组合处理时,应综合考虑地基湿陷等级、处理土层的厚度、基础类型、上部结构对地基承载力和变形的要求及环境条件等因素,选择组合方法处理。

当采用上述方法处理湿陷性黄土地基时,应根据工程要求使用素土或灰土作填料,但不得使用砂、石等粗颗粒的透水性材料作为填料,以防止浸湿未处理的湿陷性黄土层引起湿陷。在雨期、冬期选用上述方法,施工期间应采取防雨、防冻措施,保护备好的土料和灰土不受雨水淋湿或冻结,并应防止地面水流入已处理和未处理的基坑或基槽内。

当基础荷载大,采用地基处理方法的承载力不能满足设计要求时,则应采用桩基础(包括扩底或不扩底的灌注桩和静力压入或打入的预制桩)穿透湿陷性黄土层,使桩底端支承在压缩性低的非湿陷性土(岩)层中。这样,当桩周土受水浸湿时,桩侧的正摩擦力转化为负摩擦力,桩顶的上部荷载便可由桩底端下部非湿陷性土(岩)层所承受,同时桩基地基也不会因浸水引起湿陷。

1.5 湿陷性黄土地区基坑工程

1.5.1 湿陷性黄土地区基坑工程概述

早期的基坑工程只是作为施工单位进行地下工程的施工而采取的一项临时性辅助措施,随着基坑开挖规模和深度的增加,基坑工程越来越复杂,基坑工程技术已经涵盖基坑工程的勘察、设计、施工、检测与监测、周边环境保护、地下水的控制和土方开挖等一系列技术内容。

黄土基坑工程中的工作内容与一般基坑工程一样,包括基坑支护体系、土方开挖、降水和变形监测的设计与施工。由于黄土本身的特点,黄土基坑又有其自身的一些特点。由于天然黄土本身具有较高的强度和一定的直立高度,基坑工程引起的周边变形相对较小,对支护结构的要求相对较低,但黄土较高的强度和自身直立能力在一定的条件(浸水、扰动、变形等)下可能弱化或丧失,从而给工程带来隐患。《湿陷性黄土地区建筑基坑工程安全技术规程》(JGJ 167—2009)对湿陷性黄土地区基坑工程的勘察、设计、施工、检测、监测的技术安全及管理工作做出了具体的规定。

黄土的强度除与土的颗粒组成、矿物成分、黏粒和可溶盐含量有关外,主要取决于土的含水量和密实度,含水量越低、密实度越高,强度越大。黄土黏聚力由原始黏聚力和固化黏聚力组成,天然含水率低的黄土受水浸湿后产生胶溶作用以致固化凝聚力减弱甚至丧失，强度降低，引起湿陷。含水量的变化对多孔松散黄土抗剪强度产生影响，进而影响黄土土压力、支护结构内力及基坑的稳定性。黄土基坑会因地下水位变化、降雨入渗、地下管线破裂漏水或生活废水排泄等原因造成基坑坍塌，图1-2为几个项目基坑破坏的现场照片。

图1-2 基坑破坏的现场照片
(a) 西安某高层住宅楼基坑局部坍塌照片；(b) 延安某基坑局部坍塌现场照片；
(c) 西安高新区某基坑局部坍塌现场照片；(d) 西安某管廊泡水后基坑局部坍塌现场照片；
(e) 西宁某基坑局部坍塌现场照片；(f) 西安某基坑土钉墙坍塌现场照片；
(g) 西安市某基坑坍塌现场照片；(h) 西安市某公馆基坑坍塌现场照片

湿陷性黄土深基坑的支护设计与施工应综合分析工程地质与水文地质条件、基础类型、基坑开挖深度、降排水条件、周边环境对基坑侧壁位移的要求，基坑周边荷载、施工季节、支护结构的使用期限等因素，做到因地制宜、合理设计、精心施工、严格监控。

湿陷性黄土地区常用的基坑支护结构形式有放坡支护、支挡式结构（锚拉式排桩、悬臂式排桩、双排桩）、土钉墙（单一土钉墙、复合土钉墙），对于地铁和管廊深基坑，通常采用内支撑和钢筋混凝土排桩或钢板桩相结合的支护结构形式。

1.5.2 基坑工程的分类和特点

1. 基坑工程的分类

（1）放坡开挖。

放坡开挖是施工简单、经济实用的方法，在空旷地区或周围环境允许时能保证边坡稳定的条件下应优先选用。

在城市建筑稠密地区，往往不具备放坡开挖的条件。因为放坡开挖需要基坑平面以外有足够的空间供放坡之用，如在此空间内存在临近建（构）筑物基础、地下管线、运输道路等，都不允许放坡，此时就只能采用在支护结构保护下进行垂直开挖的施工方法。

（2）支护开挖。

支护开挖是由地面向下开挖的一个地下空间。基坑四周为垂直的挡土结构，挡土结构一般是在开挖面基底下有一定插入深度的板墙结构，常用挡土材料为混凝土、钢、木等，有钢板桩、钢筋混凝土板桩、柱列式灌注桩、水泥土搅拌桩、地下连续墙等。

根据基坑深度的不同，板墙可以是悬臂的，但更多的是单撑和多撑式（单锚式或多锚式）结构，支撑的目的是为板墙结构提供弹性支撑点，以控制墙体的弯矩至该墙体断面的合理允许范围，达到经济合理的工程要求。支撑的类型可以是基坑内部受压体系或基坑外部受拉体系。

2. 基坑工程的特点

目前我国基坑开挖与支护具有以下特点：

（1）建筑趋向高层化，基坑向大深度方向发展。

（2）基坑开挖面积大，长度和宽度达到百余米的占相当比例，给支护体系带来困难。

（3）在较软弱的地基土、高水位及其他复杂场地条件下开挖基坑，很容易产生土体滑移、基坑失稳、桩体变位、基坑隆起、支挡结构严重漏水、流土以致破损，对周围建筑物、地下构筑物、管线造成很大影响。

（4）岩土性质千变万化，地层埋藏条件、水文地质条件的复杂性和不均匀性往往造成勘察所得数据离散性大，难以代表土层的总体情况，给基坑工程的设计和施工增加了难度。

（5）随着旧城改造工程的发展，基坑工程的施工条件均很差，在相邻场地的施工过程中，例如打桩、降水、挖土及基础浇筑混凝土等工序会发生相互制约与影响，增加协调工作的难度。

（6）基坑工程施工周期长，常需要经历多次降雨等不同气候，场地狭窄、重物堆放、振动等许多不利因素影响，使其安全度的不确定性较大，这些都会对基坑稳定产生不利影响。

在基坑工程施工中，对支护结构的首要要求是创造条件便于基坑土方的开挖，但在建（构）筑物稠密地区更重要的是保护周围环境。采用支护结构开挖基坑，基坑工程的费用要提高，一般情况下工期也要延长，因此应对支护结构进行精心的设计和施工。

1.5.3 基坑工程的设计与施工

基坑工程设计包括勘察、支护结构设计、降水设计（地下水位控制）、土方开挖方案设计、监测和环境保护方案设计等内容。基坑工程设计的特殊性是与施工密不可分，其施工的每一阶段，外荷、结构体系等都在变化；施工工艺和施工顺序的变化、支撑形成时间的长短、支撑拆除的顺序和方式、基坑尺寸的大小及气温的变化，都影响最后的计算结果。因此，详细了解各个施工工况，对正确进行基坑设计十分重要。

1. 基坑工程设计

（1）基坑工程设计的原则。

① 安全可靠：满足支护结构本身强度、稳定性以及变形的要求，确保周围环境的安全。

② 经济合理性：在支护结构安全可靠的前提下，要从工期、材料、设备、人工以及环境保护等方面综合确定具有明显技术经济效果的方案。

③ 施工便利并保证工期：在安全可靠、经济合理的原则下，最大限度地满足方便施工的条件（如合理的支撑布置，便于挖土施工），以缩短工期。

④ 采用分项系数表示的极限状态设计方法：承载能力极限状态，对应于支护结构达到最大承载能力或土体失稳、过大变形导致支护结构或基坑周边环境破坏，正常使用极限状态，对应于支护结构的变形已经妨碍地下结构施工，或影响基坑周边环境的正常使用功能。

基坑支护结构均应进行承载能力极限状态的计算，对于安全等级为一级及对支护结构变形有限定的二级建筑基坑侧壁，还应对基坑周边环境及支护结构变形进行验算。

（2）基坑工程设计的内容。

① 支护体系的方案比较和选型；
② 支护结构的强度和变形验算；
③ 基坑内外土体的稳定性验算；
④ 围护墙的抗渗验算；
⑤ 降水要求和降水方案；
⑥ 确定挖土的工况及挖土、运土的主要措施；
⑦ 确定环境保护的要求及相关措施；
⑧ 监测的内容。

（3）基坑工程设计前应收集的资料。

① 岩土工程的勘察报告；
② 邻近建（构）筑物和地下设施的类型、分布情况和结构质量、管件接头等资料；
③ 用地退界线及红线范围图、场地地下管线图、建筑总平面图、地下结构平面图和剖面图。

上述资料有的由勘察、设计单位提供，有的向有关的市政管理部门收集，有的还需要通过检测和调查才能取得。

（4）基坑工程设计时应考虑的荷载。

① 土压力、水压力；
② 地面超载；
③ 影响范围内建（构）筑物产生的侧向荷载；
④ 施工荷载及邻近基础工程施工（如打桩、基坑开挖、降水等）的影响；
⑤ 需要时，宜结合工程经验考虑温度影响和混凝土收缩、徐变引起的作用及挖土和支撑施工的时空效应。

2. 基坑工程施工

基坑工程施工是基坑工程的重要组成部分，要严格按照设计要求和有关施工规范、规程进行施工。

(1) 编制施工组织设计或施工方案。

基坑工程的施工应根据支护结构形式、地下结构、开挖深度、地质条件、周围环境、工期、气候和地面荷载等有关资料编制施工组织设计或施工方案。内容应包括工程概况、地质资料、降水设计、挖土方案、施工组织、支护结构变形控制、监测方案和环境保护措施。

(2) 加强现场施工管理。

① 控制施工质量。选择合理的支撑结构，严格控制和检测施工质量差的部位，如钢管支撑支点数量少，连接不牢固的部位；钢管与斜撑、支撑焊接质量不好，经常发生焊缝拉裂的部位；钢管使用多年，壁厚变薄，结果部分钢管变形大，节点遭破坏，而后整体破坏的部位。

② 严禁超挖。基坑工程施工应遵循"开槽支撑、先撑后挖、分层开挖、严禁超挖"的原则，超挖是不良的施工方法，将引发险情甚至事故。

③ 基坑内降水施工。挖土前两周，要进行基坑内降水以保证坑内的良好施工条件。如坑内开挖不降水，由于开挖坡度较陡和挖土振动的影响，土的强度有所降低，土体将发生滑动，导致维护墙倾斜，工程桩移位，甚至桩身断裂。

(3) 监测工作。

深基坑工程中的监测工作是指导施工、避免事故发生的必要措施，是进行信息化施工的手段；监测也是检验设计理论的正确性和发展设计理论的重要依据。

1.5.4 基坑工程的发展

1. 深基坑施工技术的发展史

(1) 萌芽阶段：深基坑常见于一些规划有一至两层地下室的建筑物，其基础形式常采用筏板基础，开挖深度一般在10m范围内。由于当时受勘察、设计及施工水平的限制，基坑易于发生失稳破坏。

(2) 开挖安全检测阶段：高层及超高层建筑兴起，地下室常设计为三至四层，基坑开挖深度显著增大，常达到15m及以上。此时勘察、设计及施工水平有了较大程度的提升，同时意识到施工工序对基坑稳定性的影响，逐渐形成了适用于深基坑开挖的步骤。

(3) 技术跃升阶段：随着科学技术的发展，有限分析方法及有限元计算软件逐渐被应用到深基坑的研究工作中，为深基坑变形预测提供了一定的科学依据。

(4) 环境保护阶段：随着基坑工程勘察、设计及施工水平的提高，深基坑本身的安全问题已基本解决，如何有效地保护周边环境成为现阶段基坑设计及施工的主题，尤其是在繁华市区。

2. 深基坑施工技术的发展现状

基坑开挖与支护问题早已成为我国建筑业界的热点问题之一，城市地下空间开挖技术得到了长足发展和提高，现阶段深基坑施工技术主要体现在以下两个方面：

（1）深基坑施工技术中逆作法施工技术应用不断扩大。在进行深基坑施工的过程中采用逆作法施工可以减少支护结构在外部空间中的暴露时间，进一步在一定程度上减小建筑基坑的变形程度，提高支护结构的承压性能，在根本上增大深基坑支护结构的刚度性能。

（2）深基坑施工与信息化施工的有机结合。信息化施工技术尤其是BIM（建筑信息模型）技术在深基坑施工中的应用，极大地降低了深基坑施工过程中可能出现的问题，对于保证深基坑正常施工及降低工程成本具有极其重要的作用。

3. 深基坑设计及施工技术的发展趋势

（1）构建变形控制设计方案，着重研究支护结构变形控制的标准、空间效应转化为平面应变和地面超载的确定及其对支护结构的影响等问题。建立起一套合理有效的基坑围护变形控制标准，其标准为将深基坑的空间应变转化成平面应变，继而从根本上保护地面建筑超载对深基坑支护整体结构的影响在可控范围内。

（2）优化深基坑支护结构方案，从安全科学、缩短施工工期两方面着手，在根本上确保建筑深基坑技术施工的顺利进行。

（3）转变原有静态设计观念，将原有的静态设计观念转变成动态的二维或三维设计，继而确保在对建筑深基坑的支护结构进行计算的过程中能够更加全面具体。

1.6 湿陷性黄土地区基坑变形监测概述

随着我国城市工程建设事业的迅速发展，从提高土地开发利用率、扩大和改善居民居住空间的角度出发，众多超高层建筑、地铁工程等地下工程应运而生，基坑工程由原本的浅基坑向深基坑逐步演化。由于基坑设计理论还不够完善，地表地层的变异以及众多不可预计的复杂问题出现，由基坑工程所导致的人身财产损失时有发生，基坑安全俨然成为我国工程建设事业中最为重视的问题之一。因此，对基坑工程施工进行严密的监测，不仅可以为施工及时提供反馈信息，同时也为基坑周围环境进行及时有效的保护提供依据。

基坑工程监测是指基坑在开挖过程中，用精密仪器、设备对支护结构、周边环境如岩土、建筑、道路、地下管道等设施的位移、倾斜、沉降、应力、开裂、基底隆起、土层孔隙水压力以及地下水位的动态变化等进行综合监测。监测系统设计的原则有可靠性原则、多层次监测原则、重点监测关键区的原则、经济合理的原则、方便实用的原则。

一般来说，湿陷性黄土地区基坑工程施工现场监测的内容分为两大部分，即围护结构本身和相邻环境。围护结构中包括支护结构水平位移、垂直位移的监测，支护结构应力的监测，支撑（锚杆）轴力监测，支护桩桩侧土压力监测，基坑底回弹监测，地下水位及孔隙水压力监测；相邻环境监测主要为基坑工程影响范围内建筑物的沉降、倾斜及裂缝监测，基坑工程影响范围内构筑物、道路、地下管线等的沉降和变形监测。

当然，并不是所有的工程都需要以上监测内容，而是应根据基坑周边实际情况，考虑经济情况、工期等多方面的因素，选取最重要的、必需的项目进行监测。

在基坑监测数据处理过程中会碰到各种类型的原始测量成果，需要对其真实性做出检验和初步处理，最为常见的是野外量测数据的统计分析。量测数据常是时间、空间或某一过程的连续函数，实测时往往只能按一定时间间隔取值，在得到大量观测数据后要进行初步的整理和必要的检验，观测数据中有时会引入一些虚假数据，原因可能是观测设备故障或人为读数差等。因此，在数据分析中，最好先进行异点的检测和剔除，在对监测数据进行处理时，尽量选择多种处理方式，这样，一方面可以相互检验数据处理的精度，保证数据处理方法的可靠性；另一方面可以通过实践对比各种方法，考察它们各自的优劣势，为以后的数据处理工作提供经验。

1.6.1 基坑监测技术研究现状

基坑工程监测通过监测到的大量信息对施工过程中出现的各种安全隐患的问题及时预警预测，从而保证基坑工程的安全施工。

基坑工程监测在岩土工程中发挥十分重要作用，岩土工程监控量测的基本方法就是由 Peck 提出的"观察法"，在此基础上形成岩土工程信息化施工方法，对基坑工程的设计和施工有非常重要的意义，是基坑工程必不可缺的一部分。20 世纪 80 年代以后，基坑工程监测技术首先在国外得到了普及和提高，我国的基坑施工信息化监测体系在 20 世纪末开始出现，基坑工程施工监测越来越受到重视和提倡。在国外学者研究的基础上，国内学者开始对基坑工程监控量测进行大量研究工作，基坑工程监测方法越来越多，监测手段多样化发展，监测项目多层次化，监测仪器逐渐先进化和精密化，尤其是对于监测数据的分析处理也有了新的进展。

随着深基坑工程不断的发展，在施工过程中基坑支护系统的稳定和深基坑围护体系的安全越来越受到重视，基坑的监控量测技术的发展显得尤为重要。随着基坑工程监测技术的不断发展，开始出现信息化监测的手段。汪孔政推导出全站仪坐标变化法监测基坑水平位移的精度计算公式，并进行了计算与分析，结果表明，全站仪监测基坑水平位移精度能达到规范规定的要求，可以广泛应用于各等级基坑水平位移监测中。张瑞芳、赵祺根据全站仪自由设站坐标法，对该法进行了详细的误差分析，推导出精度估算公式，在实际工程应用该方法，结果表明该方法具有可靠性，为类似工程提供依据。朱小玉、杨灯云等将免棱镜全站仪应用到基坑稳定性监测中。无棱镜测量不仅可以解决边坡上无法安置棱镜的问题，"所瞄即为所测"，而且它适用于人员难以到达、反射介质好的地形地物测量，与传统全站仪相比更有优越性。申屠南英提出了一种新型的电磁式地下位移测量方法，结构设计比较简单且成本较低，可以自动化、较精确地监测地下位移量和滑移方向，同时，还配套开发了 GPRS（通用无线分组业务）无线监测系统，可远程网络化传输和监控地下位移和倾斜量，为以后基坑监测提供更科学、更全面、更可靠的依据。王安正、雷金山等对基坑施工期间的变形进行监测，将监测数据与 Plaxis 软件数值分析的结果进行对比，系统地了解和判定基坑支护状态及其变形规律。魏燃针对成都地铁 1 号线南延线首期工程华阳站的基坑围护结构设计监测方案，着重分析了围护桩在基坑开挖过程中的变形规律、围护桩桩顶水平位移变化规律、钢支撑轴力的变化规律及基坑周边地表沉降情况，这四项监测数据相互联系紧密，故对监测数据进行综合分析非常重要，从而保证基坑稳定和安全。

1.6.2 基坑变形预测技术研究现状

在深基坑工程中，深基坑变形预测越来越受到人们的重视。随着技术的不断发展，传统的 Peck "观察法"以及地层损失法等方法由于理论的计算方法考虑因素不足且假设条件与实际情况有一定差别，结果计算值与实测值有时候会出现偏差，这就会使预测失去意义。

随着基坑变形预测技术的发展，在基坑变形预测的实例中出现了有限元分析法。房营光与莫海鸿根据深基坑支护的特点，用半解析层单元建立了施工过程的动态数反演和变形动态值模拟分析方法，对各阶段的土层和支护结构的变形进行预测，结果表明预测值与实际值具有良好的一致性。靳璞、李东海等将修正的有限元模拟预测应用在北京的地铁工程中，以确定围护结构变形控制值，结果表明改进的有限元数值计算比单纯的有限元数值计算更有效。李佳、焦苍等结合实际工程资料通过有限元数值模拟对基坑开挖围护结构的变形进行预测，使得基坑围护结构的变形始终处于可控制状态。此方法可以有效地指导基坑施工，使用有限元分析法对基坑变形预测有很好的效果，但是在使用过程中存在问题，就是不能够准确地获取土体参数。目前，对基坑变形特性分析中较多应用有限元分析法。陈翔建立了基坑变形监测模型，该系统集野外数据的采集、数据的处理于一体，在 WebGIS 可视化的基础上实现了施工监测信息共享，使施工安全信息化，可以作为施工监测平台工具。

由于上述方法存在的缺陷，人们在基坑变形预测中开始应用灰色理论、BP 神经网络方法、基因表达式编程方法等方法。对于基坑变形预测技术的研究，大量学者进行了积极的研究与探索，并取得了一些研究成果。

对于国内外基坑监测预测技术研究情况，已经有大量学者进行了详细概括和总结。根据胡大为整理，20 世纪 30 年代，Terzaghi 等人已开始研究基坑工程中的岩土工程问题。Terzaghi 和 Peck 等人在 20 世纪 40 年代提出预估挖方稳定程度和支撑荷载大小的总应力法。这一理论原理经过不断改进与修正，到目前为止仍有借鉴的价值。20 世纪 50 年代，Bjerrum 和 Eide 给出了分析深基坑底板隆起的方法。20 世纪 60 年代开始使用仪器监测奥斯陆和墨西哥城软黏土深基坑的变形，得出大量的实测数据，提高了预测的精准性，并从 20 世纪 70 年代起，产生了相应的指导开挖的法规。国外 20 世纪 90 年代出现监测电脑数据采集系统，实现了监测自动化。但是，根据张营对 ANSI、BSI 和 ISO 这三个国际上影响较大的标准或组织的检索中，可以看出，目前欧美国家的技术标准中很少有涉及建筑基坑工程的专项技术规范和标准，也没有发现关于基坑工程监测的专项技术标准。在 2007 版的美国加利福尼亚州建筑规范中也未发现专门针对基坑工程监测的相关条款。

1.6.3 湿陷性黄土地区基坑变形监测预测技术研究现状

在国内，专门针对湿陷性黄土地区深基坑监测预测的研究并不多，仅见郭满金、李清梅等结合万家寨引黄工程部分隧洞，详细阐述该工程变形监测目的、仪器布置、性能及监测原理，分析总结了湿陷性黄土洞段的监测特点。惠治鑫、马良荣对一座因地基浸水而倾斜、墙体严重开裂的建筑进行沉降和变形监测，并进行一系列研究，由于是在未经处理的Ⅲ～Ⅳ级自重湿陷性黄土地基上建造的建筑物，因此该建筑物监测研究对以后工程的监测具有很高的借鉴价值。李欣对郑西高铁湿陷黄土路基沉降监测及预警系统研究。魏国良、王斌等不仅严密监测湿陷性黄土地基建（构）筑物的沉降，并进行数据处理，得出建（构）筑物的实际沉降量，而且利用地质勘察理论分析计算湿陷性黄土地基工程地质沉降量，结果表明，工程地质沉降量与沉降观测结果基本相吻合，因此利用沉降观测得到建（构）筑物的形变量是行之有效的。唐亚明结合陕北黄土进行滑坡风险评价，并且研究出监测预警技术方法。汤俐轩通过对湿软性黄土的变形特性的研究，提出了一种新的高速公路湿软地基沉降预测方法——基于神经网络范例推理的湿软地基沉降评价方法，建立了基于神经网络的湿软地基范例检索模型。秦国兵结合郑西客专湿陷性黄土地区桥梁墩台无砟轨道铺设条件评估实践，从沉降分析、回归模型选择、分析评估方法、回归影响因素及评估结果认定等方面对桥梁沉降预测及无砟轨道铺设条件评估进行了研究，对形成可靠适用的桥梁沉降预测评估技术具有参考价值。

2 基坑变形基本理论及计算方法

2.1 基坑变形基本理论

2.1.1 基本概念

为了进行高层建筑地下室、地铁车站和地下停车场、商场、仓库、变电站以及市政排水与污水处理系统等地下工程的施工，需要从地表面向下开挖土体，挖出相应的地下空间。这个为进行建（构）筑物地下部分的施工由地面向下开挖出的空间就是基坑（exca vations），基坑临空面称为基坑侧壁（side of excavations）。基坑土体的开挖造成周围土体的应力-应变状态和地下水体状态发生改变，必然对周边建（构）筑物、地下管线、道路等造成一定的影响。与基坑开挖相互影响的周边建（构）筑物、地下管线、道路、岩土体及地下水体，统称为基坑周边环境（surroundings around excavations）。《建筑地基基础设计规范》（GB 50007—2011）条文说明中列出了基坑周边典型的环境条件(图 2-1)。

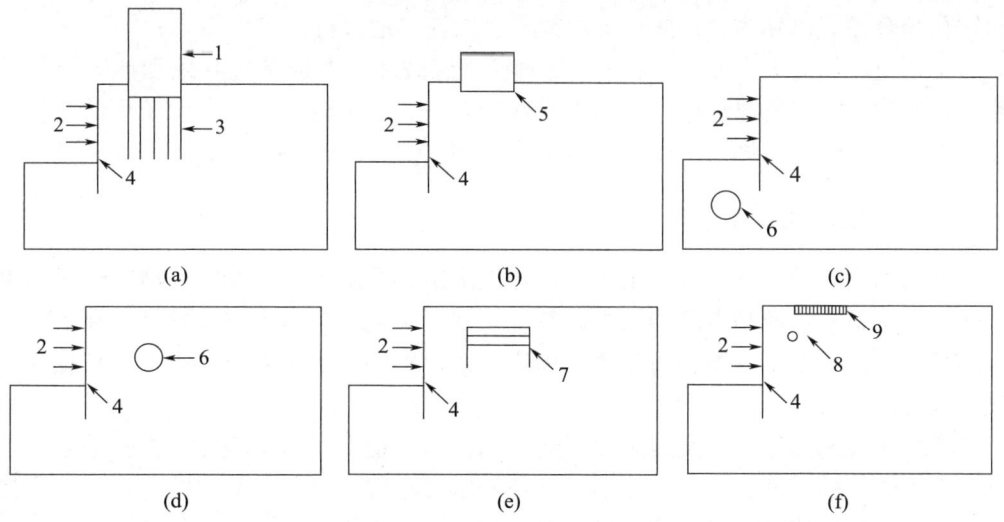

图 2-1 基坑周边典型的环境条件
(a) 基坑周边存在桩基础建筑物；(b) 基坑周边存在浅基础建筑物；
(c) 坑底以下存在隧道；(d) 基坑旁边存在隧道；
(e) 基坑周边存在地铁车站；(f) 基坑紧邻地下管线
1—建筑物；2—基坑；3—桩基；4—围护墙；5—浅基础建筑物；
6—隧道；7—地铁车站；8—地下管线；9—市政道路

为保护地下主体结构施工和基坑周边环境的安全，对基坑采用的临时性支挡、加固、保护与地下水控制的措施，就是基坑支护（retaining and protecting for excavation）。

改革开放以前,基坑开挖规模较小,开挖深度较浅,通常均可采用放坡开挖,或用少量钢板桩进行临时性支护。随着城市建设的发展,地下空间的开发和利用成为一种必然趋势,单个基坑的开挖面积越来越大,开挖深度也越来越深,而且这些深、大基坑通常都位于周边建筑物密集分布区域,施工场地紧张,周边环境复杂,在基坑平面外没有足够的放坡空间,采用以往临时性简单施工措施已经难以保护地下主体结构施工和基坑周边环境的安全,为此,不得不采用支护结构来保证施工的顺利进行。

支护结构(retaining and protection structure)指的是支挡或加固基坑侧壁的承受荷载的结构,是在建筑物地下工程建造时为确保土方开挖、控制周边环境影响,在允许范围内的一种施工措施。通常有两种情况:一种情况是在大多数基坑工程中,基坑支护结构是作为地下工程施工过程中一种临时性结构设置的,地下工程施工完成后,即失去作用;另一种情况是基坑支护结构在地下工程施工期间起支护作用,在建筑物建成后的正常使用期间,作为建筑物的永久性构件继续使用。

工程实践中已发展多种支护结构,如支挡式结构(retaining structure)、双排桩(double-row-piles wall)、土钉墙(soil nailing wall)和复合土钉墙(composite soil nailing wall)、重力式水泥土墙(gravity cement-soil wall)以及上述方式的各类组合支护结构。其中,支挡式结构又有直接采用顶端自由的挡土构件如支护桩、地下连续墙(diaphragm wall)作为悬臂式支护结构,以及采用挡土构件和锚杆、内支撑组合形成的锚拉式和支撑式支挡结构。另外,支护结构与主体结构相结合的逆作法由于具有挡土安全性高、变形小、工期短、经济效益显著等优点而得到大量应用,而具有挡土和截水功能的钻孔咬合桩(也称为 AB 桩)支护方式也在许多地方得到应用。

为了避免产生流土(砂)、管涌、突涌等渗流破坏,保证基坑开挖和地下结构的正常施工,保护地下水资源环境,对地下水水位较高、水量较大或存在承压水的基坑,有必要采取截水、降水、排水、回灌等地下水控制(groundwater controlling)措施。

2.1.2 基坑支护技术

早期的基坑支护只是作为施工单位进行地下工程的施工而采取的一项临时性辅助措施,随着基坑开挖规模和深度的增加,基坑工程越来越复杂,支护技术已经涵盖基坑工程的勘察、设计、施工、检测与监测、周边环境保护、地下水的控制和土方开挖等一系列技术内容。

基坑支护技术是一门从实践中发展起来的技术,也是一门实践性非常强的学科。理论上,土力学中的强度、稳定、变形以及地下水渗流理论仍然对基坑的稳定性、支护结构的内力和变形计算具有重要的指导意义,却不能完全满足基坑工程的要求。因为基坑支护技术还涉及土与结构共同作用问题、基坑时空效应问题以及结构计算问题,且施工的每一个阶段,随着施工工艺、开挖位置和次序、支撑和开挖时间等的变化,结构体系和外部荷载都在变化,都对支护结构的内力产生直接的影响,每一个施工工况的数据都可能影响支护结构的稳定和安全。虽然岩土工程领域的学者和科研人员在土的工程性质、土压力计算、支挡结构内力计算、基坑变形特性分析、基坑稳定性分析、地下水渗流分析、有限元计算领域等各个方面进行了大量的研究,但由于基坑工程中具有岩土体和地下水体结构、岩土参数、应力与孔隙水压力、外加荷载及其分布、土体本构模型、计算理论与方法等诸多不确定性因素，理论研究仍不能准确得出比较符合实际情况的结果，基坑工程的理论研究仍滞后于实践。正因如此，基坑监测的重要性就不言而喻了，基于监测数据的基坑工程风险管理和安全评估也正成为新的研究热点。

目前，采用理论导向、经验判断、实测定量三者相结合的方法进行基坑支护方案选择和设计决策，越来越受到工程实践的认可和重视。

2.1.3 基坑支护设计计算

基坑支护设计计算包括水压力和土压力计算、基坑稳定性计算、支挡结构内力计算、基坑变形估算及地下水的控制计算等内容。

水、土压力和基坑稳定性分析采用土力学中的经典理论结合工程经验进行计算。

支挡结构的内力分析是基坑工程设计中的重要内容，初期计算理论是基于挡土墙设计理论的静力平衡法、等值梁法和塑性铰法等古典方法。由于基坑支护结构与一般挡土墙受力机理不同，按上述方法计算结果与内力实测结果相比在大部分情况下偏大，且无法计算支护结构的变形，于是就有了之后的山肩邦男法、弹性法、弹塑性法的解析方法。古典方法和解析方法在理论上均存在各自的局限性，并且难以满足复杂基坑工程的设计要求，现在已经很少应用。目前工程中常用的是平面竖向弹性地基梁法和平面连续介质有限元法等平面分析方法。对有明显空间效应和平面形状不规则的基坑，采用平面方法就无法反映所有支撑结构的受力和变形状况。于是，利用三维分析的空间弹性地基板法和三维连续介质有限元法在一些深、大基坑中得到了实际应用并取得成功。

基坑变形主要包括围护墙体的变形、坑底隆起变形及坑外地表沉降。支挡结构内力计算的解析方法和数值分析方法均可在理论上求解围护墙体的变形，然而实测结果和理论计算结果往往存在差异，因此，目前条件下基坑变形主要采用理论计算与实测经验相结合的方法进行估算。

目前，各类商业软件（如上海同济大学开发的启明星基坑软件、北京理正软件设计研究院的深基坑支护结构计算软件以及PKPM基础施工软件）均可以完成基坑支护设计计算。一些研究者利用大型有限元计算软件（如Abaqus、ANSYS等）对基坑的三维形状进行研究，在个别特深基坑中也得到了很好的应用。

2.1.4 基坑工程失稳形态

一般情况下，基坑支护工程是临时性工程，因此安全与经济的平衡是尤其重要的，不能为了安全而忽略经济，更不能为了经济而忽略安全。基坑工程一般位于城市中，地质条件和周边环境条件复杂，有各种建（构）筑物、道路、管线等，一旦出现工程事故就会造成生命和财产的重大损失。目前，我国基坑工程成功率低的问题异常突出，各大城市均有已建成基坑出现工程事故的例子，地质条件较好的地区（如北京）、地质条件差的地区（如上海、海口、惠州等）、浅基坑和深基坑都有，其结果造成巨大的经济损失，影响人们的正常生活。

基坑开挖时，随着土体应力的解除和地下水体发生渗流，将可能引起土体与支护结构的失稳。土体与支护结构的失稳主要表现为两种形态，其一是因基坑土体强度不足、地下水渗流作用造成的失稳，包括基坑整体失稳、基坑底部土体隆起失稳、突涌、管涌以及流土（砂）失稳等；其二是因支护结构（包括支护桩、墙、锚杆、支撑等）的承载力、刚度或稳定性不足引起的失稳，如支锚结构松弛失效或被拔出、桩墙底部向基坑内产生较大位移、桩墙弯曲或断裂等，见图 2-2。当支护结构与土体发生上述失稳现象时，就会引起支护结构侧移和地表沉降，引起临近建（构）筑物、道路、地下设施与管线的变形，严重的将产生灾难性的后果。

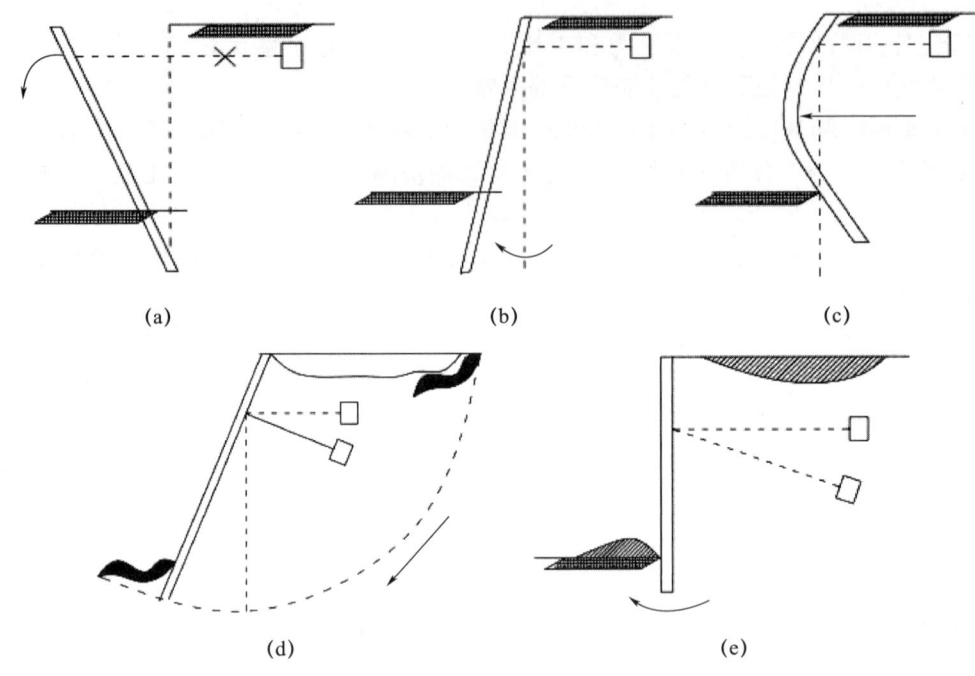

图 2-2 支护结构失稳示意图
(a) 锚拉系统破坏；(b) 底部内移；(c) 板桩弯曲；
(d) 整体滑动；(e) 管涌、隆起

2.1.5 基坑工程的特点

首先，基坑支护通常作为临时性结构，与永久性结构相比安全储备较小，风险相对较大；其次，基坑工程与周边环境是一种相互影响和相互制约的关系，周边环境越复杂，对支护的要求就越高，同样，基坑规模越大、开挖越深，对周边环境的影响就越大；再次，基坑工程的每一个工况对支护结构具有不同的要求，支护设计应根据施工工况的要求进行；最后支护设计计算理论因受到很多不确定因素的影响，至今还很不完善，理论计算结果和实测结果在大多数情况下是不吻合的。

当前，实际工程中存在一种过分依靠商业软件的现象，个别设计人员甚至不注意参数的取用和设置是否合理，不考虑软件计算结果是否合理，盲目套用，这是一种非常不负责任的设计态度。在基坑支护工程的设计和施工过程中，要充分认识到基坑工程的上述特点，重视前期调查和勘察、设计、施工的实际情况，在正确概念的框架内和理论的指导下，充分利用已有工程成功的经验和动态监测取得的实测数据。为此，基坑支护工程的设计和施工应做到以下几点：

（1）在勘察与调查的基础上，结合工程与水文地质条件、周边环境要求以及当地经验制定出经济合理的支护方案，提出支护结构的水平位移和周边环境变形控制标准。

（2）根据工程勘察报告以及周边环境条件、施工要求，结合经验综合选取岩土计算参数和坑边荷载取值。

（3）在分析支护结构受力和变形时，应充分考虑施工的每一阶段支护结构体系和外荷的变化，同时要考虑施工工艺的变化，挖土次序和位置的变化，支撑和留土时间的变化等。

（4）在进行地下水控制设计时，对地下水类型、埋深、排泄和补给条件以及地层的渗透能力应有充分的认识，在必要时采取各类控制措施。

（5）基坑应设计监测项目、期限和频率并提出各项目的报警值，在基坑实施过程中，设计方应密切和施工方联系，全面把握施工进展状况，根据监测成果实施动态优化设计，并及时处理施工中遇到的意外情况。

（6）监测单位应根据设计要求制定完备的监测方案，监测人员对监测数据应及时分析，及时提交分析成果。一旦出现异常，应及时向设计、施工等方面反映，以便分析异常原因，及时提出解决方法。

（7）基坑工程施工前，应对周边环境状况进行复核和调查取证。施工必须严格按照设计文件要求实施，需要变更施工工艺和施工顺序的，应经设计人员重新计算分析许可后方可进行变更。

2.2 基坑支护结构类型

支护结构的选型是进行技术经济条件综合比较分析的结果，合理的支护结构选型不仅是对整个基坑，而且是针对同一基坑的不同边坡侧壁而言的。因为基坑支护一般都是临时性的，少则半年，多则一年，永久性和半永久性支护较少，相对而言，其经济合理性则成为基坑工程设计的决定因素。鉴于此，细化基坑支护坡体，按坡体的不同地质条件、外荷条件和环境条件等，考虑选用合理结构形式，显得尤为重要。

湿陷性黄土地区基坑支护结构形式应依据场地工程地质与水文地质条件、场地湿陷性类型及地基湿陷等级、开挖深度、周边环境、当地施工条件及施工经验等选用。同一基坑可采用一种支护结构形式，也可采用几种支护结构形式或组合，同一基坑侧壁坡体水平向宜采用相同的支护形式，应注意采用不同形式进行上下、左右平面组合时的变形协调，以免在其结合部位由于变形差异，形成局部突变，留下工程隐患。湿陷性黄土地区常用的支护结构形式见表 2-1。

表 2-1 湿陷性黄土地区常用的支护结构形式

结构类型	适用条件
锚、撑式排桩	1. 基坑侧壁安全等级为一、二、三级； 2. 当地下水位高于基坑底面时，应采取降水或排桩加截水帷幕措施； 3. 基坑外地下空间允许占用时，可采用锚拉式支护；基坑边土体为软弱黄土且坑外空间不允许占用时，可采用内撑式支护

续表

结构类型	适用条件
悬臂式排桩	1. 基坑侧壁安全等级为二、三级； 2. 基坑采取降水或采取截水帷幕措施时； 3. 基坑外地下空间不允许占用时
土钉墙	1. 基坑侧壁安全等级一般为二、三级，且基坑坡体为非饱和黄土； 2. 单一土钉墙支护深度不宜超过12m，当与预应力锚杆、排桩等组合使用时，可超过此限； 3. 当地下水位高于基坑底面时，应采取排水措施； 4. 不适于淤泥、淤泥质土、饱和软黄土
水泥土墙	1. 基坑侧壁安全等级宜为三级； 2. 一般支护深度不宜大于6m； 3. 水泥土桩施工范围内地基承载力宜大于150kPa
放坡	1. 基坑侧壁安全等级宜为二、三级； 2. 场地应满足放坡条件； 3. 地下水位高于坡脚时，应采取降水措施； 4. 可独立或与上述其他结构结合使用

注：对于基坑上部采用放坡或土钉墙、下部采用排桩的组合支护形式时，上部放坡或土钉墙高度不宜大于基坑总深度的1/2，且应严格控制排桩顶部水平位移。

2.2.1 放坡支护

放坡是指土方工程在施工过程中，为了防止土壁崩塌，保持边坡稳定，需要加大挖土上口宽度，使挖土面保持一定的坡度。当场地开阔、坑壁土质较好、地下水位较深及基坑开挖深度较浅时，可优先采用坡率法。同一工程可视场地具体条件采用局部放坡或全深度、全范围放坡开挖。

放坡开挖只要求基坑的稳定，故而具有价钱最便宜、经济性最好的优点。但其回填土方量较大，并且仅适用于场地开阔、基坑周围无重要建筑工程，对基坑开挖过程中变形无严格要求的情况，仅需保证基坑开挖的稳定性。放坡的坡度应依据坑壁岩土的类别、性状、基坑深度、开挖方法及坑边荷载等条件按表2-2确定。

表2-2 土质基坑侧壁放坡坡度允许值（高宽比）

岩土类别	岩土性状	坑深在5m之内	坑深在5～10m之内
杂填土	中密—密实	1：0.75～1：2.00	—
黄土	黄土状土（Q_4）	1：0.50～1：0.75	1：0.75～1：2.00
	马兰黄土（Q_3）	1：0.30～1：0.50	1：0.50～1：0.75
	离石黄土（Q_2）	1：0.20～1：0.30	1：0.30～1：0.50
	午城黄土（Q_1）	1：0.10～1：0.20	1：0.20～1：0.30
粉土	稍湿	1：2.00～1：2.5	1：2.25～1：2.50
黏性土	坚硬	1：0.75～1：2.00	1：2.00～1：2.25
	硬塑	1：2.00～1：2.25	1：2.25～1：2.50
	可塑	1：2.25～1：2.50	1：2.50～1：2.75
砂土	—	自然休止角（内摩擦角）	—
碎石土（充填物为坚硬、硬塑状态的黏性土、粉土）	密实	1：0.35～1：0.50	1：0.50～1：0.75
	中密	1：0.50～1：0.75	1：0.75～1：2.00
	稍密	1：0.75～1：2.00	1：2.00～1：2.25

续表

岩土类别	岩土性状	坑深在5m之内	坑深在5~10m之内
碎石土（充填物为砂土）	密实 中密 稍密	1：2.00 1：2.40 1：2.60	—

基坑侧壁形式可为单坡型（一坡到底）、折线型、台阶型，形式如图2-3所示。

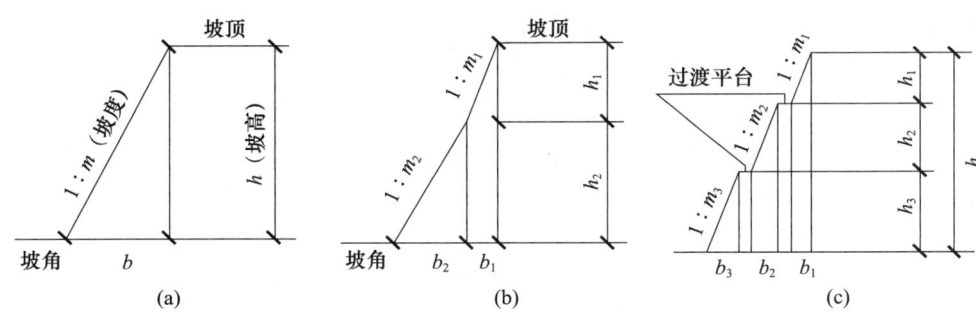

图2-3 基坑侧壁形式
(a) 单坡型；(b) 折线型；(c) 台阶型

2.2.2 土钉墙支护

土钉墙支护包括单一土钉墙支护及复合土钉墙。复合土钉墙指土钉墙与预应力锚杆（锚索）、微型桩、旋喷桩、水泥土桩、搅拌桩中的一种或多种组成的复合型支护结构。土钉墙支护适用于地下水位以上或经人工降水后具有一定临时自稳能力土体的基坑支护，不适用于对变形有严格要求的基坑支护，现场照片如图2-4所示。

(a) (b)

图2-4 土钉墙支护现场照片
(a) 单一土钉墙支护现场照片；(b) 预应力锚杆复合土钉墙支护现场照片

2.2.3 支挡式结构

支挡式结构是由挡土构件和锚杆（锚索）或者内支撑组成的一类支护结构的统称。支挡式结构按照其受力形式可分为锚拉式支挡结构、支撑式支挡结构、悬臂式支挡结构、咬合桩以及双排桩支挡结构。支挡式结构受力明确，其计算方法及运用于工程实践的理论基础都相对较为成熟，是目前应用于工程实践最广泛的支护结构形式。

锚拉式支挡结构［排桩-锚杆（锚索）结构、地下连续墙-锚杆（锚索）结构］以及支撑式支挡式结构（排桩-支撑结构、地下连续墙-支撑结构）易于控制基坑的变形，挡土结构内力分布均匀，当基坑较深或者基坑周边情况复杂、对基坑变形要求严格时，多采用这两种支护形式。排除经济因素，单从技术角度分析，支撑式支挡结构比锚拉式支挡结构的适用范围要宽得多。但内支撑的设置会给后期主体地下结构施工造成较大的障碍，所以工程中一般不愿意首选内支撑结构。在一些土层条件复杂、土体垂直性差或者周边建筑物对于变形要求严苛时，考虑使用支撑式结构进行基坑支护。就这一点做对比，锚拉式支挡结构可以给后期主体的施工带来较大的便利。然而在有些条件下，并不适合运用锚杆支护，比如锚拉结构会进入周边建筑物的基础传力范围内时。另外，锚杆会永久性地留在支护土层中，这给相邻的建筑物地下空间领域的使用和开发造成障碍，不符合保护环境和可持续发展的要求。在有些情况下，锚杆将侵入红线之外的地下区域，违背了地下空间的开发及规划的原则。

悬臂式支挡结构顶部的位移很大，内力分布并不理想，但可省去锚杆及内支撑的约束，当开挖较浅且基坑周边情况对支护结构的位移限制不严格时，可采用悬臂式的支挡结构。双排桩支挡结构是一种刚架式的结构形式，其内力分布特性较为均匀，水平变形比悬臂式要小得多，适用于场地充足、开挖较深、变形控制要求较高且无法实施内支撑支护体系的工程。另外，支护结构与主体结构相结合的逆作法由于具有挡土安全性高、变形小、工期短、经济效益显著等优点而得到大量的应用。具有挡土和截水功能的咬合桩（也称 AB 桩）支护方式也在全国各地得到广泛的应用。

相关现场照片如图 2-5 所示。

(a)

(b)

(c)

图 2-5 支挡式结构支护现场照片
(a) 排桩-锚索锚拉式支挡结构现场照片（钢板腰梁）；
(b) 排桩-锚索锚拉式支挡结构现场照片（型钢外包混凝土腰梁）；
(c) 排桩钢支撑支挡结构现场照片；(d)~(f) 钢板桩钢支撑支挡结构现场照片；
(g) 钢筋混凝土框架支撑结构现场照片

2.3 基坑支护结构内力计算

2.3.1 支挡式结构

1. 结构分析

（1）锚拉式支挡结构。

将整个结构分解为挡土结构、锚拉结构（锚杆及腰梁、冠梁）。对挡土结构采用平面杆系结构弹性支点法进行分析，然后以挡土结构分析时得出的支点力作为荷载，根据腰梁、冠梁的实际约束情况，按简支梁或连续梁计算腰梁和冠梁内力；同时将支点力按锚杆倾角转换为锚杆轴力，进行锚杆的设计计算。

（2）支撑式支挡结构。

将整个结构分解为挡土结构、内支撑结构。对于挡土结构也采用弹性支点法进行分析；对于分解处的内支撑结构，则将挡土结构分析时得出的支点力作为荷载反向加至内支撑上，在考虑挡土结构和内支撑结构之间变形协调的基础上，按平面结构进行分析计算。

（3）悬臂式支挡结构和双排桩支挡结构。

均采用平面杆系结构弹性支点法进行结构分析；双排桩支挡结构按平面刚架简化。

2. 稳定性验算

支挡结构形式不同，具体稳定性验算内容也不一样。总体来说，主要进行抗倾覆稳定（嵌固稳定）、整体滑动稳定、抗隆起稳定以及抗渗流稳定等稳定性验算。

（1）嵌固稳定性验算。

悬臂式支挡结构、单层锚杆和单层支撑的支挡式结构以及双排桩，均应进行嵌固稳定性验算，其目的是验算这些支挡结构的嵌固深度是否满足嵌固稳定性要求。

① 悬臂式支挡结构嵌固稳定性验算。

悬臂式支挡结构嵌固稳定性验算是以挡土构件底部为转动点，计算基坑外侧土压力对转动点的转动力矩和坑内开挖深度以下土压力对转动点的抵抗力矩是否满足整体极限平衡，控制的是挡土部的倾覆稳定性。计算公式如下：

$$\frac{E_{pk}a_{p_1}}{E_{ak}a_{a_1}} \geqslant K_e \tag{2-1}$$

式中 K_e——嵌固稳定安全系数（安全等级为一级、二级、三级的悬臂式支挡结构，K_e 分别不应小于 1.25、1.2、1.15）；

E_{ak}、E_{pk}——基坑外侧主动土压力、基坑内侧被动土压力合力的标准值（kN）；

a_{a_1}、a_{p_1}——基坑外侧主动土压力、基坑内侧被动土压力合力作用点至挡土构件底端的距离（m）。

② 单层锚杆和单层支撑的支挡式结构嵌固稳定性验算。

单层锚杆和单层支撑支挡结构嵌固稳定性验算是以支点为转动点，计算基坑外侧土压力对支点的转动力矩和坑内开挖深度以下土反力对支点的抵抗力矩是否满足整体极限平衡，控制的是挡土构件嵌固段的踢脚稳定性。具体计算公式如下：

$$\frac{E_{pk}a_{p_2}}{E_{ak}a_{a_2}} \geqslant K_e \tag{2-2}$$

式中 K_e——嵌固稳定安全系数（安全等级为一级、二级、三级的锚拉式支挡结构和支撑式支挡结构，K_e 分别不应小于 1.25、1.2、1.15）；

a_{a_2}、a_{p_2}——基坑外侧主动土压力、基坑内侧被动土压力合力作用点至支点的距离（m）。

③ 双排桩结构嵌固稳定性验算。

双排桩是指沿基坑侧壁排列设置的由前、后两排支护桩和梁连接成的刚架及冠梁所组成的支挡式结构。双排桩的嵌固稳定性应满足作用在后排桩上的主动土压力与作用在前排嵌固段上的被动土压力的力矩平衡条件，在双排桩的抗倾覆稳定性验算中，应将双排桩与桩间土看作整体而将其作为力的平衡分析对象，并考虑土与桩自重的抗倾覆作用，具体计算公式如下：

$$\frac{E_{pk}a_p + Ga_G}{E_{ak}a_a} \geqslant K_e \tag{2-3}$$

式中 K_e——嵌固稳定安全系数（安全等级为一级、二级、三级的支挡结构，K_e 分别不应小于 1.25、1.2、1.15）；

a_a、a_p——基坑外侧主动土压力、基坑内侧被动土压力合力作用点至挡土构件底端的距离（m）；

G——排桩、刚架梁和桩间土的自重之和（kN）；

a_G——双排桩、刚架梁和桩间土的重心至前排桩边缘的水平距离（m）。

（2）整体滑动稳定性验算。

整体稳定性验算方法是按平面问题考虑，以瑞典圆弧滑动条分法为基础，在进行力矩极限平衡状态分析时，仍以圆弧滑动土体为分析对象，并假定滑动面上土的剪力达到极限强度的同时，滑动面外锚杆拉力也达到极限拉力，因此，在极限平衡关系上，增加锚杆拉力对圆弧滑动体圆心的抗滑力矩。

$$\min\{K_{s,1}, K_{s,2}, \cdots, K_{s,i}\} \geqslant K_s \tag{2-4}$$

$$K_{s,i} = \frac{\sum\{c_j l_j + [(q_j b_j + \Delta G_j)\cos\theta_j - u_j l_j]\tan\varphi_j\} + \sum R'_{k,k}[\cos(\theta_j + \alpha_k) + \psi_v]/s_{x,k}}{\sum(q_j b_j + \Delta G_j)\sin\theta_j} \tag{2-5}$$

式中 K_s——圆弧滑动稳定安全系数（安全等级为一级、二级、三级的支挡结构，K_s分别不应小于1.35、1.3、1.25）；

$K_{s,i}$——第i个圆弧滑动体的抗滑力矩与滑动力矩的比值（抗滑力矩与滑动力矩之比最小值宜通过搜索不同圆心及半径的所有潜在滑动圆弧确定）；

c_j、φ_j——第j土条滑弧面处土的黏聚力（kPa）、内摩擦角（°）；

b_j——第j土条的宽度（m）；

θ_j——第j土条滑弧面中点处的法线与垂直面的夹角（°）；

l_j——第j土条的滑弧长度（m），取$l_j = b_j/\cos\theta_j$；

q_j——第j土条上的附加分布荷载标准值（kPa）；

ΔG_j——第j土条的自重（kN），按天然重度计算；

u_j——第j土条在滑弧面上的孔隙水压力（kPa）；

$R'_{k,k}$——第k层锚杆在滑动面以外的锚固段的极限抗拔承载力标准值与锚杆杆体受拉承载力标准值的较小值（kN）｛进行锚固段的极限抗拔承载力计算时锚固段应取滑动面以外的长度；对悬臂式、双排桩支挡结构，不考虑$\sum R_{k,k}[\cos(\theta_j+\alpha_k)+\psi_v]/s_{x,k}$项｝；

α_k——第k层锚杆的倾角（°）；

$s_{x,k}$——第k层锚杆的水平间距（m）；

ψ_v——计算系数［可按$\psi_v = 0.5\sin(\theta_k+\alpha_k)\tan\varphi$取值，此处，$\varphi$为第$k$层锚杆与滑弧交点处土的内摩擦角（°）］。

采用落底式截水帷幕时，对地下水位以下的砂土、碎石土、砂质粉土，在基坑外侧，可取$u_j = \gamma_w h_{wa,j}$，在基坑内侧，可取$u_j = \gamma_w h_{wp,j}$；滑弧面在地下水位以上或地下水位一下的黏性土取$u_j = 0$。

式中 γ_w——地下水重度（kN/m³）；

$h_{wa,j}$——基坑外侧第j土条滑弧面中点的压力水头（m）；

$h_{wp,j}$——基坑内侧第j土条滑弧面中点的压力水头（m）。

整体稳定性验算最危险滑弧的搜索范围限于通过挡土构件底端的滑弧，穿过挡土构件的滑弧不需验算。当挡土构件底端以下存在软弱下卧土层时,整体稳定性验算滑动面中应包括由圆弧与软弱土层层面组成的复合滑动面。

(3) 抗隆起稳定性验算。

对于锚拉式和支撑式挡土结构,当基坑开挖深度较大、支挡结构嵌固深度较小而土的强度较小时,可能产生土体从挡土构件底端以下向基坑内隆起挤出的现象,这是一种土体丧失竖向平衡状态的破坏模式。由于锚杆和支撑只能对支护结构提供水平方向的平衡力,对隆起破坏不起作用,对特定基坑深度和土质,只能通过增加挡土构件嵌固深度来提高抗隆起稳定性。因而对锚拉式和支撑式支挡结构应进行抗隆起稳定性验算,以确定其嵌固深度满足抗隆起稳定要求。悬臂式支挡结构不进行抗隆起稳定性验算。

锚拉式和支撑式支挡结构的抗隆起稳定性验算主要有两种方法:

① Prandtl(普朗德尔)极限平衡理论法。

采用地基极限承载力的 Prandtl(普朗德尔)极限平衡理论公式,按下式进行验算:

$$\frac{\gamma_{m_2} l_d N_q + c N_c}{\gamma_{m_1}(h+l_d)+q_0} \geqslant K_b \tag{2-6}$$

$$N_q = \tan^2\left(45° + \frac{\varphi}{2}\right) e^{\pi\tan\varphi} \tag{2-7}$$

$$N_c = (N_q - 1)/\tan\varphi \tag{2-8}$$

式中 K_b——抗隆起安全系数(安全等级为一级、二级、三级的支挡结构,K_b 分别不应小于 1.8、1.6、1.4);

γ_{m_1}、γ_{m_2}——基坑外、基坑内挡土构件底面以上土的天然重度(kN/m³)(对多层土,取各层土按厚度加权的平均重度);

l_d——挡土构件的嵌固深度(m);

h——基坑深度(m);

q_0——地面均布荷载(kPa);

N_c、N_q——承载力系数;

c、φ——挡土构件底面以下土的黏聚力(kPa)、内摩擦角(°)。

当挡土构件底面以下有软弱下卧层时,挡土构件底面土的抗隆起稳定性验算的部位尚应包括软弱下卧层,按下式进行验算:

$$\frac{\gamma_{m_2} D N_q + c N_c}{\gamma_{m_1}(h+D)+q_0} \geqslant K_b \tag{2-9}$$

式中 γ_{m_1}、γ_{m_2}——软弱下卧层顶面以上土的重度;

D——基坑底面至软弱下卧层顶面的土层厚度。

② 以最下层支点为转动轴心的圆弧滑动模式法。

我国软土地区习惯采用该方法进行支挡式结构的抗隆起稳定性验算。该法是以最下层支点为转动轴心,假定破坏面为通过桩、墙底的圆弧形,以此分析力矩平衡条件,按下式进行验算:

$$\frac{\sum [c_j l_j + (q_j b_j + \Delta G_j)\cos\theta_j \tan\varphi_j]}{\sum (q_j b_j + \Delta G_j)\sin\theta_j} \geqslant K_r \tag{2-10}$$

式中 K_r——以最下层支点为轴心的圆弧滑动稳定系数(安全等级为一级、二级、三级的支挡结构,K_r 分别不应小于 2.2、1.9、1.7);

c_j、φ_j——第 j 土条滑弧面处土的黏聚力(kPa)、内摩擦角(°);

l_j——第 j 土条的滑弧长度(m),取 $l_j = b_j/\cos\theta_j$;

q_j——第 j 土条上的附加分布荷载标准值(kPa);

b_j——第 j 土条的宽度(m);

θ_j——第 j 土条滑弧面中点处的法线与垂直面的夹角(°);

ΔG_j——第 j 土条的自重(kN),按天然重度计算。

(4)抗渗流稳定性验算。

因地下水渗流,基坑有可能产生突涌、流土以及管涌等渗流破坏,基坑支护无论采用支挡式结构、土钉墙还是重力式水泥土墙,抗渗流稳定性的验算均按以下方法和规定进行。

① 突涌稳定性验算。

当坑底以下有水头高于坑底的承压水含水层,且未用截水帷幕隔断其基坑内外的水力联系时,承压水作用下的坑底突涌稳定性按下式验算:

$$\frac{D\gamma}{h_w \gamma_w} \geq K_h \tag{2-11}$$

式中 K_h——突涌稳定性安全系数(K_h 不应小于 1.1);

D——承压含水层顶面至坑底的土层厚度(m);

γ——承压含水层顶面至坑底土层的天然重度(kN/m³)(对多层土,取按土层厚度的加权平均天然重度);

h_w——承压含水层顶面的压力水头高度(m);

γ_w——水的重度(kN/m³)。

② 流土稳定性验算。

当截水帷幕未采用落底式而是采用悬挂式,且悬挂式截水帷幕底端位于碎石土、砂土或粉土含水层时,对均质含水层,地下水渗流的流土稳定性按下式计算:

$$\frac{(2l_d + 0.8D_1)\gamma'}{\Delta h \gamma_w} \geq K_f \tag{2-12}$$

式中 K_f——流土稳定性安全系数(安全等级为一级、二级、三级的支挡结构,K_f 分别不应小于 1.6、1.5、1.4);

l_d——截水帷幕在坑底以下的插入深度(m);

D_1——潜水面或承压含水层顶面至坑底的土层厚度(m);

γ'——土的浮重度(kN/m³);

Δh——基坑内外的水头差(m);

γ_w——水的重度(kN/m³)。

③ 管涌可能性判别

当地下水流动的水力坡度 i 很大时,地下水流由层流变为紊流,此时渗流压力将土体骨架中的细颗粒土带走,导致土体内形成贯通的渗流通道,渗流通道上部土体产生塌陷,这种现象称为管涌。一般认为,当坑底以下为级配不连续的砂土、碎石土含水层时，应进行土的管涌可能性判别。

2.3.2 土钉墙

土钉墙是近30多年发展起来的用于土体开挖时保持基坑侧壁或者边坡稳定的一种挡土结构，主要是由密布在原位土体中的细长杆件——土钉、黏附于土体表面的钢筋混凝土面层及土钉之间的被加固土体组成的具有自稳能力的原位挡土墙，可抵抗水土压力及底面附加荷载等作用力，从而保持开挖面稳定。

1. 稳定性验算

土钉墙的稳定性验算可以验证初步设计各个参数的合理性、可行性，确定支护结构的安全性、经济性、适用性，是土钉墙应用的理论基础。主要进行整体滑动稳定、抗隆起稳定、抗渗透稳定等稳定性验算。

（1）整体滑动稳定性验算。

土钉墙是分层开挖、分层设置土钉及面层而形成的。每一开挖状况都可能是不利工况，也就需要对每一开挖工况下的土钉墙进行整体滑动稳定性验算。整体滑动稳定性验算采用圆弧滑动条分法进行，并应符合下列规定：

$$\min \{K_{s,1}, K_{s,2}, \cdots, K_{s,i}\} \geqslant K_s \tag{2-13}$$

$$K_{s,i} = \frac{\sum [c_j l_j + (q_j b_j + \Delta G_j) \cos\theta_j \tan\varphi_j] + \sum R'_{k,k} [\cos(\theta_k + \alpha_k) + \psi_v]/s_{x,k}}{\sum (q_j b_j + \Delta G_j) \sin\theta_j} \tag{2-14}$$

式中 K_s——圆弧滑动整体稳定安全系数（安全等级为二级、三级的土钉墙，K_s 分别不应小于1.3、1.25）；

$K_{s,i}$——第 i 个圆弧滑动体的抗滑力矩与滑动力矩的比值（抗滑力矩与滑动力矩之比的最小值宜通过搜索不同圆心及半径的所有潜在滑动圆弧确定）；

c_j、φ_j——第 j 土条滑弧面处土的黏聚力（kPa）、内摩擦角（°）；

b_j——第 j 土条的宽度（m）；

θ_j——第 j 土条滑弧面中点处的法线与垂直面的夹角（°）；

l_j——第 j 土条的滑弧长度（m），取 $l_j = b_j/\cos\theta_j$；

q_j——第 j 土条上的附加分布荷载标准值（kPa）；

ΔG_j——第 j 土条的自重（kN），按天然重度计算；

$R'_{k,k}$——第 k 层土钉或锚杆在滑动面以外的锚固体系极限抗拔承载力标准值与锚杆杆体受拉承载力标准值（$f_{yk}A_s$ 或 $f_{ptk}A_p$）的较小值（kN）（锚固段的极限抗拔承载力应分别按土钉或锚杆的规定计算，但锚固段应取圆弧滑动面以外的长度）；

α_k——第 k 层锚杆的倾角（°）；

θ_k——滑弧面在第 k 层土钉或锚杆处的法线与垂直面的夹角（°）；

$s_{x,k}$——第 k 层土钉或锚杆的水平间距（m）；

ψ_v——计算系数[可按 $\psi_v = 0.5\sin(\theta_k + \alpha_k)\tan\varphi$ 取值，此处，φ 为第 k 层土钉或锚杆与滑弧交点处土的内摩擦角（°）]。

当基坑面以下存在软弱下卧层时，整体稳定性验算滑动面中尚应包括由圆弧与软弱土层层面组成的复合滑动面。

（2）抗隆起稳定性验算。

对基坑底面下有软土层的土钉墙结构，可采用以下公式进行坑底隆起稳定性验算：

$$\frac{\gamma_{m_2}DN_q+cN_c}{(q_1b_1+q_2b_2)/(b_1+b_2)} \geq K_b \quad (2-15)$$

$$N_q = \tan^2\left(45°+\frac{\varphi}{2}\right)e^{\pi\tan\varphi} \quad (2-16)$$

$$N_c = (N_q-1)/\tan\varphi \quad (2-17)$$

$$q_1 = 0.5\gamma_{m_1}h+\gamma_{m_2}D \quad (2-18)$$

$$q_2 = \gamma_{m_1}h+\gamma_{m_2}D+q_0 \quad (2-19)$$

式中 K_b——抗隆起安全系数（安全等级为二级、三级的土钉墙，K_b 分别不应小于 1.6、1.4）；

q_0——地面均布荷载（kPa）；

γ_{m_1}——基坑底面以上土的天然重度（kN/m³）（对多层土，取各层土按厚度加权的平均重度）；

h——基坑深度（m）；

γ_{m_2}——基坑底面至抗隆起计算平面之间土层的天然重度（kN/m³）（对多层土，取各层土按厚度加权的平均重度）；

D——基坑底面至抗隆起计算平面之间土层的厚度（m）（当抗隆起计算平面为基坑底平面时，取 D 等于0）；

N_c、N_q——承载力系数；

c、φ——抗隆起计算平面以下土的黏聚力（kPa）、内摩擦角（°）；

b_1——土钉墙坡面的宽度（m）（当土钉墙坡面垂直时取 $b_1=0$）；

b_2——地面均布荷载的计算宽度（m），可取 $b_2=h$。

（3）抗渗透稳定性验算。

潜水及承压水可能造成坑底的渗流破坏，土钉墙对承压水造成的渗流破坏稳定验算与其他支护结构相同。

2. 土钉承载力验算

土钉的承载力验算目的是控制单根土钉拔出或土钉杆体拉断所造成的土钉墙局部破坏。土钉墙的承载力验算应分别确定单根土钉受到土压力作用产生的轴向拉力以及单根土钉的抗拔承载力，两者应符合下式规定：

$$\frac{R_{k,j}}{N_{k,j}} \geq K_t \quad (2-20)$$

式中 K_t——土钉抗拔安全系数（安全等级为二级、三级的土钉墙，K_t 分别不应小于 1.6、1.4）；

$N_{k,j}$——第 j 层土钉的轴向拉力标准值（kN）；

$R_{k,j}$——第 j 层土钉的极限抗拔承载力标准值（kN）；

（1）单根土钉的轴向拉力标准值 $N_{k,j}$。

单根土钉的轴向拉力标准值 $N_{k,j}$ 可按下式计算：

$$N_{k,j} = \frac{1}{\cos\alpha_j}\zeta\eta_j p_{ak,j} s_{x,j} s_{z,j} \tag{2-21}$$

式中　α_j——土钉抗拔安全系数（安全等级为二级、三级的土钉墙，K_t 分别不应小于 1.6、1.4）；

　　　ζ——墙面倾斜时的主动土压力折减系数；

　　　η_j——第 j 层土钉轴向拉力调整系数；

　　　$p_{ak,j}$——第 j 层土钉处的主动土压力强度标准值（kPa）；

　　　$s_{x,j}$——第 j 层土钉的水平间距（m）；

　　　$s_{z,j}$——第 j 层土钉的垂直间距（m）。

$$\zeta = \tan\frac{\beta-\varphi_m}{2}\left(\frac{1}{\tan\frac{\beta+\varphi_m}{2}} - \frac{1}{\tan\beta}\right)\bigg/\tan^2\left(45°-\frac{\varphi_m}{2}\right) \tag{2-22}$$

式中　β——土钉墙坡面与水平面的夹角（°）；

　　　φ_m——基坑底面以上各土层按土层厚度加权的内摩擦角平均值（°）。

$$\eta_j = \eta_a - (\eta_a - \eta_b)\frac{z_j}{h} \tag{2-23}$$

$$\eta_a = \frac{\sum(h-\eta_b z_j)\Delta E_{aj}}{\sum(h-z_j)\Delta E_{aj}} \tag{2-24}$$

式中　z_j——第 j 层土钉至基坑顶面的垂直距离（m）；

　　　h——基坑深度（m）；

　　　ΔE_{aj}——作用在以 $s_{x,j}$、$s_{z,j}$ 边长的面积内的主动土压力标准值（kN）；

　　　η_a——计算系数；

　　　η_b——经验系数，可取 0.6～1.0。

（2）土钉极限抗拔承载力标准值 $R_{k,j}$。

单根土钉的极限抗拔承载力可按下式估算，但应通过土钉抗拔试验进行验证。

$$R_{k,j} = \pi d_j \sum q_{sk,i} l_i \tag{2-25}$$

式中　$R_{k,j}$——第 j 层土钉的极限抗拔承载力标准值（kN）；

　　　d_j——第 j 层土钉的锚固体直径（m）（对成孔注浆土钉，按成孔直径计算；打入钢管土层的土钉，按钢管直径计算）；

　　　$q_{sk,i}$——第 j 层土钉在第 i 层土的极限黏结强度标准值（kPa）；

　　　l_i——第 j 层土钉滑动面以外的部分第 i 土层中的长度（m）（计算单根土钉极限抗拔承载力时，直线滑动面与水平面的夹角取 $\frac{\beta+\varphi_m}{2}$）。

（3）土钉杆体的受拉承载力应符合下列规定：

$$N_j \leqslant f_y A_s \tag{2-26}$$

式中　N_j——第 j 层土钉的轴向拉力设计值（kPa）；

　　　f_y——土钉杆体的抗拉强度设计值（kPa）；

　　　A_s——土钉杆体的截面面积（m²）。

2.3.3 重力式水泥土墙

重力式水泥土墙是指由水泥土桩相互搭接成格栅或实体的重力式支护结构。它既可单独作为一种支护方式使用，也可与混凝土灌注桩、预制桩、钢板桩等相结合，形成组合式支护结构，同时还可作为其他支护方式的止水帷幕。

1. 稳定性验算

重力式水泥土墙稳定性验算包括抗滑移稳定、抗倾覆稳定、整体圆弧滑动稳定、抗隆起稳定、抗渗流稳定性等稳定性验算。

(1) 抗滑移稳定性验算。

重力式水泥土墙的抗滑移稳定性应符合下式规定：

$$\frac{E_{pk}+(G-u_m B)\tan\varphi+cB}{E_{ak}} \geqslant K_{sl} \tag{2-27}$$

式中 K_{sl}——抗滑移安全系数，其值不应小于1.2；

E_{ak}、E_{pk}——作用在水泥土墙上的主动土压力、被动土压力标准值（kN）；

G——水泥土墙的自重（kN）；

u_m——水泥土墙底面上的水压力（kPa）[水泥土墙底面在地下水位以下时，可取 $u_m = \gamma_w(h_{wa}+h_{wp})/2$，在地下水位以上时，取 $u_m = 0$。此处 h_{wa} 为基坑外侧水泥土墙底处的水头高度（m），h_{wp} 为基坑内侧水泥土墙底处的水头高度（m）]；

c、φ——水泥土墙底面下土层的黏聚力（kPa）、内摩擦角（°）；

B——水泥土墙的底面宽度（m）。

(2) 抗倾覆稳定性验算。

重力式水泥土墙的抗倾覆稳定性应符合下式规定：

$$\frac{E_{pk}a_p+(G-u_m B)a_G}{E_{ak}a_a} \geqslant K_{ov} \tag{2-28}$$

式中 K_{ov}——抗倾覆安全系数，其值不应小于1.3；

a_a——水泥土墙外侧主动土压力合力作用点至墙趾的竖向距离（m）；

a_p——水泥土墙内侧被动土压力合力作用点至墙趾的竖向距离（m）；

a_G——水泥土墙自重与墙底水压力合力作用点至墙趾的水平距离（m）。

(3) 整体圆弧滑动稳定性验算。

重力式水泥土墙的整体圆弧滑动稳定性可采用圆弧滑动条分法进行验算。用圆弧滑动条分法时，其稳定性应符合以下规定：

$$\min\{K_{s,1}, K_{s,2}, \cdots, K_{s,i}\} \geqslant K_s \tag{2-29}$$

$$K_{s,i} = \frac{\sum\{c_j l_j + [(q_j b_j + \Delta G_j)\cos\theta_j - u_j l_j]\tan\varphi_j\}}{\sum(q_j b_j + \Delta G_j)\sin\theta_j} \tag{2-30}$$

式中 K_s——圆弧滑动整体稳定安全系数（K_s 不应小于1.3）；

$K_{s,i}$——第 i 个圆弧滑动体的抗滑力矩与滑动力矩的比值（抗滑力矩与滑动力矩之比的最小值宜通过搜索不同圆心及半径的所有潜在滑动圆弧确定）；

c_j、φ_j——第 j 土条滑弧面处土的黏聚力（kPa）、内摩擦角（°）；

b_j——第 j 土条的宽度（m）；

θ_j——第 j 土条滑弧面中点处的法线与垂直面的夹角（°）；

l_j——第 j 土条的滑弧长度（m），取 $l_j=b_j/\cos\theta_j$；

q_j——第 j 土条上的附加分布荷载标准值（kPa）；

ΔG_j——第 j 土条的自重（kN），按天然重度计算；

u_j——第 j 土条在滑弧面上的孔隙水压力（kPa）（采用落底式截水帷幕时，对地下水位以下的砂土、碎石土、砂质粉土，在基坑外侧，可取 $u_j=\gamma_w h_{wa,j}$，在基坑内侧，可取 $u_j=\gamma_w h_{wp,j}$；滑弧面在地下水位以上或地下水位以下的黏性土取 $u_j=0$）；

γ_w——地下水重度（kN/m³）；

$h_{wa,j}$——基坑外地下水位至第 j 土条滑弧面中点的深度（m）；

$h_{wp,j}$——基坑内地下水位至第 j 土条滑弧面中点的深度（m）。

当墙底以下存在软弱下卧土层时，稳定性验算的滑动面中尚应包括圆弧与软弱土层层面组成的复合滑动面。

（4）抗隆起稳定性验算。

重力式水泥土墙作为支挡结构，其嵌固深度应满足坑底隆起稳定性要求，抗隆起稳定性可按式（2-6）～式（2-8）验算。

当重力式水泥土墙底面以下有软弱下卧层时，墙底面土的抗隆起稳定性验算的部位尚应包括软弱下卧层，可按式（2-9）验算。

（5）抗渗流稳定性验算。

当地下水位高于基底时，应按相关公式进行地下水渗透稳定性验算。

2. 承载力验算

水泥土墙的各种稳定性验算基于重力式结构的假定，作为整体重力式结构，在计算确定嵌固深度和墙的厚度后，墙体的正截面承载力应满足抗拉、抗压、抗剪要求。

（1）墙体的正截面拉压应力。

墙体的正截面拉应力应满足以下要求：

$$\frac{6M_i}{B^2}-\gamma_{cs}z \leqslant 0.15f_{cs} \tag{2-31}$$

墙体的正截面压应力应满足以下要求：

$$\gamma_0\gamma_F\gamma_{cs}z+\frac{6M_i}{B^2} \leqslant f_{cs} \tag{2-32}$$

（2）墙体的正截面剪应力。

$$\frac{E_{aki}-\mu G_i-E_{pki}}{B} \leqslant \frac{1}{6}f_{cs} \tag{2-33}$$

式中 M_i——水泥土墙验算截面的弯矩设计值（kN·m）；

B——验算截面处水泥土墙的宽度（m）；

γ_{cs}——水泥土墙的重度（kN/m³）；

z——验算截面至水泥土墙顶的垂直距离（m）；

f_{cs}——水泥土开挖龄期时的轴心抗压强度设计值（kPa），应根据现场试验或工程经验确定；

γ_F——荷载综合分项系数；

E_{aki}、E_{pki}——验算截面以上的主动土压力标准值、被动土压力标准值（kN/m）（验算截面在基底以上时，$E_{pki}=0$）；

G_i——验算截面以上的墙体自重（kN/m）；

μ——墙体材料的抗剪断系数，取 0.4～0.5。

2.4 基坑变形计算

目前，基坑变形计算主要有理论、经验算法和数值计算方法。理论、经验算法来自对基坑变形机理的理论研究和多年来国内外基坑工程实测数据的统计。理论、经验算法适合于对基坑的变形做出快速估计并为基坑设计及施工中的变形控制提供理论和实测依据。数值计算方法随着计算机技术的发展在工程中应用也越来越广泛。

支护结构的水平变形形态主要有三种，分别是悬臂式位移、抛物线形位移以及这两个形态的组合位移，如图 2-6 所示。基坑较浅，无横撑时支护结构的水平变形呈现悬臂式位移；基坑较深，单横撑时呈抛物线形；基坑深，多道横撑时，变形呈组合型，位移最大值一般在基坑底面附近或稍偏上。

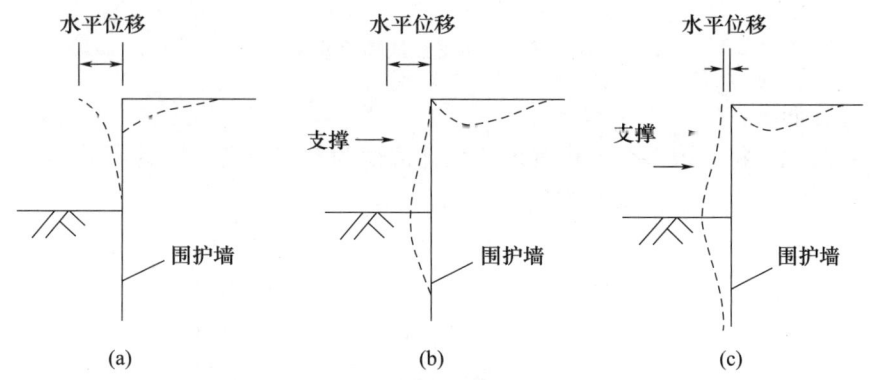

图 2-6 支护结构的水平变形形态
(a) 悬臂式位移；(b) 抛物线形位移；(c) 组合位移

基坑开挖所产生的支护结构变形与基坑深度、土层软硬、支护结构、施工过程等诸多因素有关。经过对大量实测数据进行统计分析，基坑最大侧向位移与基坑开挖深度的关系为 0.1%～2.2%H。

支护结构的水平位移确定方法有经验法估算、弹性支点法、有限元等数值计算方法，支挡结构最大水平位移估算的经验方法有两种：其一，通过大量实测统计，建立支挡结构水平位移和坑外地面沉降实测值与基坑开挖深度的关系，以此粗略地估算拟开挖基坑的水平位移和坑外地面沉降。其二，工程实践表明，支挡结构最大水平位移 δ_{hm} 与坑底抗隆起稳定系数存在一定的关系，同时，坑外地面最大沉降 δ_{vm} 与 δ_{hm} 也有一定的关系，通过实测和有限元分析建立此类关系并考虑相关影响因素，只要计算出抗隆起稳定系数，就可以按经验估算坑外地面最大沉降与支挡结构最大水平位移。

弹性支点法目前被很多商业软件所采用，如同济大学启明星基坑软件、北京理正软件设计研究院的深基坑支护结构计算软件、武汉市勘察设计有限公司开发的天汉软件等。弹性支点法将支护体系分解为竖向支撑平面和水平支点，按照平面问题进行计算简化，如图 2-7 所示。首先在基坑平面内选择既有代表性的计算单元。然后将计算单元视为竖放的弹性地基梁，平面外约束视为弹性支座。坑外作用在支护结构上的土压力视为梁上的荷载，基坑内的土压力视为刚度随深度变化的弹性支座。最后将地基梁离散为有限个力学单元，研究各单元的性质，形成单元刚度矩阵，根据静力平衡条件、几何条件、变形协调条件列方程计算出地基梁的变形。

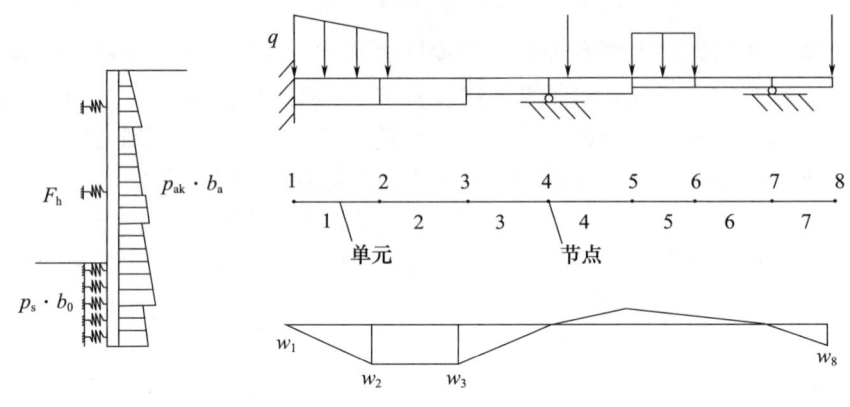

图 2-7　弹性支点法简化模型

求解过程如下：

（1）离散化：将无限多个自由度的连续体离散为有限个自由度的离散体。

（2）利用能量原理建立求解方程：

$$\begin{bmatrix} k_{11} & k_{12} & \cdots & k_{18} \\ k_{21} & k_{22} & \cdots & k_{28} \\ \vdots & \vdots & & \vdots \\ k_{81} & k_{82} & \cdots & k_{88} \end{bmatrix} \begin{Bmatrix} w_1 \\ w_2 \\ \vdots \\ w_8 \end{Bmatrix} = \begin{Bmatrix} F_1 \\ F_2 \\ \vdots \\ F_8 \end{Bmatrix} \Rightarrow \begin{Bmatrix} w_1 \\ w_2 \\ \vdots \\ w_8 \end{Bmatrix} \qquad (2\text{-}34)$$

（3）解方程组后得到节点位移 ω。

由于基坑工程的复杂性，采用常规分析方法很难反映诸多因素的综合影响，近年来国内外很多学者纷纷提出采用数值分析方法来分析深基坑的整体性状，即把包括地基土在内的整个深基坑作为一个结构体系，经过一定的假定，考虑基坑开挖过程、支护结构与土共同作用、渗流、时间、温度应力等因素影响，综合分析支护结构的内力、位移及开挖引起的环境效应。数值分析方法包括有限差分法和有限元分析法两种，有限元分析法数值计算可考虑支护结构与土体之间的相互作用，通过计算位移来确定支护结构的内力，计算模型能够反映基坑的实际施工工况，已被广泛应用于深基坑分析中。有限元分析法主要有二维有限元分析法和三维有限元分析法两种。

地表沉降的估算方法有两种，其一是由于坑外地面最大沉降 δ_{vm} 与支挡结构最大水平位移 δ_{hm} 有一定的关系，如上海市《基坑工程技术标准》（DG/TJ08-61—2018）提出的地表沉降曲线，最大地表沉降 δ_{vm} 可根据其与围护结构最大侧移 δ_{hm} 的经验关系来确定，一般可取 $\delta_{vm}=0.8\delta_{hm}$。其二是将支挡结构变形和坑外土体的沉降联系起来，假定支挡结构的侧移面积与坑外地表沉降面积存在一定的关系，以比率预估地表沉降，具体计算方法如下：

采用杆系有限元分析法计算支挡结构的变形曲线，并计算出变形曲线和初始轴线之间的面积，这是支挡结构的侧移面积 S_1。

确定地表沉降范围，该范围通常考虑土体极限平衡条件，按下式确定：

$$x_0 = H_g \tan\left(45° - \frac{\varphi}{2}\right) \tag{2-35}$$

选择相应的地表变形曲线，计算坑外地表沉降面积 S_2，此处以三角形沉降曲线为例计算。

$$S_2 = \frac{\delta_{vm} x_0}{2} \tag{2-36}$$

假设 S_1 和 S_2 存在以下关系：

$$S_2 = cS_1 \tag{2-37}$$

由此可得到：

$$\delta_{vm} = \frac{2cS_1}{x_0} \tag{2-38}$$

式中 c 根据具体开挖深度、支护结构形式、地质条件、是否采用降水以及施工条件的好坏按经验取值，一般取 $c=10 \sim 2.5$。

以上述方法得到的地表沉降经验值 δ_{vm} 并没有考虑周围建（构）筑物存在的影响，但可以用来间接评估基坑开挖引起周围环境（如周边建筑以及地下管线沟）的附加变形。

对黄土地区基坑，含水率对土体的承载力和变形都有很大影响，地面沉降除因基坑开挖引起外，另一个重要的因素是基坑降水，基坑周边建筑物沉降与基坑降水关系密不可分。基坑降水对基坑周边沉降有很大影响，采用井点降水时，降水井管径周围会对土体产生降水的影响范围，井点降水的影响半径 R 即为地面沉降的范围，影响半径 R 计算式为

$$R = 2S\sqrt{HK} \text{ 或 } R = 10S\sqrt{K} \tag{2-39}$$

式中　R——降水影响半径（m）；
　　　S——水位降低深度（m）；
　　　H——含水层厚度（m）；
　　　K——土层渗透系数（m/d）。

基坑降水引起基坑周围沉降可按照分层总和法计算，井点降水影响范围内任意一点的竖向位移 S 计算式为

$$S = \sum_{i=1}^{n} \frac{a_{i(1-2)}}{1+e_{ai}} \Delta P_i \Delta h_i \tag{2-40}$$

式中　S——地面任意点最终沉降量（m）；
　　　$a_{i(1-2)}$——沉降范围内地面任意点各土层压缩系数；
　　　e_{ai}——沉降范围内地面任意点各土层起始孔隙比；
　　　ΔP_i——沉降范围内地面任意点因降水产生的附加应力；
　　　Δh_i——沉降范围内各层土体的厚度（m）。

2.5 基坑变形机理及影响因素

2.5.1 基坑变形机理

引起基坑变形的主要因素有地下连续墙或灌注桩的开挖、降水以及基坑开挖。

地下连续墙（灌注桩）的开挖，将导致土层中的自重应力释放（虽然泥浆可提供一部分支护力，但不足以补偿降低的应力），由此导致地层的变形。特别是注意到墙（桩）的开挖深度较基坑的开挖深度还大，故可使土层产生相当量值的位移。大量的量测结果表明，其影响范围可到墙（桩）开挖深度的 2 倍，变形可达开挖深度的 0.05%～0.15%。

基坑开挖的过程是基坑开挖面上卸荷的过程，由于卸荷而引起坑底土体产生以向上为主的位移，同时也引起支护结构在两侧压力差的作用下而产生水平向位移和因此而产生的墙外侧土体的位移。可以认为，基坑开挖引起周围地层移动的主要原因是坑底的土体隆起和支护结构的位移。

当基坑的开挖深度低于地下水位时，一般采用降水措施来为基坑施工提供良好的环境，但地下水降低会对基坑外土体产生影响。基坑降水会引起土体固结，而土体固结又分为主、次固结，主固结为渗透固结，次固结为蠕变。等降水到一定深度时，土中孔隙水压力就会发生转移、消散，但总应力不变，有效应力转而增加。增大的有效应力作用于带孔隙的土体上，使土体固结造成土体沉降。

1. 坑底土体隆起

坑底土体隆起是垂直向卸荷而改变坑底土体原始应力状态的反应。在开挖深度不大时，坑底土体在卸荷后发生垂直的弹性隆起。当支护结构底下为清孔良好的原状土或注浆加固土体时，支护结构随土体回弹而弹高。坑底弹性隆起的特征是坑底中部隆起最高，而且坑底隆起在开挖停止后很快停止。这种坑底隆起基本不会引起维护墙外侧土体向坑内移动。随着开挖深度增加，基坑内外的土面高差不断增大，当开挖到一定深度时，基坑内土面高差所形成的加载和地面各种超载的作用，就会使支护结构外侧土体向基坑内移动，使基坑坑底产生向上的塑性隆起，同时在基坑周围产生较大的塑性区，并引起地面沉降。

2. 支护结构位移

支护结构变形改变基坑外围土体的原始应力状态而引起地层移动。基坑开始开挖后，支护结构便开始受力变形，在基坑内侧卸去原有的土压力时，在支护结构外侧则受到主动土压力，而在坑底的支护结构内侧则受到全部或部分的被动土压力。由于总是开挖在前、支撑在后，所以支护结构在开挖过程中，安装每道支撑以前总是已发生一定的先期变形。支护结构的位移使基坑主动压力区和被动压力区的土体发生位移。基坑外侧主动压力区的土体向坑内水平位移，使背后土体水平应力减小，以致剪力增大，出现塑性区，而在基坑开挖面以下的内侧被动压力区的土体向坑内水平位移，使坑底土体加大水平向应力，以致坑底土体增大剪应力而发生水平向挤压和向上隆起的位移，在坑底形成局部塑性区。

支护结构变形不仅使基坑外侧发生地层损失而引起地面沉降，而且使基坑塑性区扩大，因而增加了基坑外侧土体向坑内的位移和相应的坑内隆起。同样地质和埋深条件下，深基坑周围地层变形范围及幅度因支护结构的变形而有很大差别，支护结构变形往往是引起周围地层移动的重要原因。因此，控制基坑开挖变形非常关键，基坑水平位移与开挖深度的比值不宜太大，湿陷性黄土中位移与深度之比一般为 0.3%~0.5%，在软土地区为 0.5%~1%。

3. 周围地层位移

随围护结构形式不同，基坑开挖的施工工艺不同，基坑变形形态也不同。国内外学者关于基坑支护结构后面土体位移模式的特征做了一些研究，其特征主要有以下几种：

(1) 块体现象及破裂面。

块体现象是指由于基坑墙后土体发生位移后，会沿一潜在的脆弱面形成破裂面，即滑移面，在该破裂面以内土体具有整体性，虽然可能存在较大的位移，但应变不大；较大的应变产生于破裂面附近，实际中的最大差异沉降和变形也产生于此破裂面处。在土体变形的影响域的边界将形成一个狭窄的高应变梯度域，在此域与挡墙之间，只有较小的应变产生，土体以一种刚性块的形式移动，而高应变区域形成破裂面。

对于支护结构后土体的滑块形式，较早的有库仑提出的三角形滑楔，一般适用于重力式挡土墙后的无黏性土体。多支撑结构的基坑支护结构后土体的变形分布较为复杂，Terzaghi（1948）等多位学者研究认为对数螺旋线为多支撑结构的基坑支护结构后土体滑楔典型的破裂面。

(2) 收缩现象。

收缩现象是指墙后的土体位移主要发生在一个较小区域内。

比较多支撑体系基坑墙后土体的实测值和弹性有限元分析结果可发现，弹性有限元分析结果中土体变形影响区域要显著大于实测影响区域。Terzaghi（1948）指出，围护墙真实的滑楔顶端长度要比库仑楔顶端小得多，Milligan（1983）认为在软黏土、砂土甚至硬黏土的情况下，当允许较大的墙体变形值时，土体会屈服，与弹性分析结果有差别。土体变形影响区域较小，而非弹性有限元所预测的范围较大。

收缩现象是与破裂面即块体现象联系在一起的，可以说是块体现象的一个重要表现形式。

(3) 土拱效应。

土拱效应是指支撑刚度较大而围护结构刚度较小时，墙后土压力局部增大的现象。局部土体产生移动，而其余部分保持原来位置不动，土中的这种相对运动受到土体抗剪强度的抗阻，使移动部分土体的压力减小，而不动部分上的压力增加。

由于土拱效应的存在，围护结构后的主动土压力产生重分布。值得注意的是，土体中除竖向存在土拱效应外，水平方向同样存在着土拱效应。土拱效应是土体空间效应的重要表现。合理利用竖向及水平方向的土拱效应可使土体的应力重分布向着对工程有利的方向发展，充分利用土体自身的抗变形能力。

2.5.2　影响基坑变形的因素

基坑工程是一个既古老而又崭新的岩土工程课题。放坡开挖和简易木桩围护可以追溯到远古时代，而 20 世纪出现的超高层综合体，使基坑工程变得极为复杂，这促使工程技术人员以新的眼光去审视基坑工程这一古老课题，使许多新的经验和理论得以出现与成熟。随着大量高层、超高层建筑以及地下工程的不断涌现，对基坑工程的要求越来越高，出现的问题也越来越多。

1. 基坑工程勘察因素

勘察是准确认识基坑的前提，是基坑工程设计的依据，勘探点往往也是基坑工程事故的多发点。由于基坑大小、开挖深度和环境要求不同，拟采用的围护结构类型不同，因而对基坑勘察的要求也相应不同。建筑基坑工程的岩土勘察，应同时考虑主体结构设计和基坑工程的需要。在初步勘察阶段，应根据岩土工程条件，初步判定开挖可能发生的问题和需要采取的支护措施；在详细勘察阶段，应针对基坑工程设计的要求进行勘察；在施工阶段，必要时尚应进行补充勘察。

场地勘察的准确性是基坑工程设计计算的关键。勘察工作的失误，势必给基坑工程埋下事故隐患。基坑工程勘察方面的问题主要表现在以下几个方面：

（1）勘察单位忽视专门水文地质勘察工作，以常规勘察对待基坑工程勘察。如简单地以上层滞水情况对待承压水；对承压水的顶板、水头大小所建议的参数，以及各土层的渗透系数，多数引用本地区经验数据，没有进行专门试验，造成失误。

（2）勘察单位对地质勘察数据处理失误，勘察报告提供的黏聚力、内摩擦角均比实际数值大，使支护结构设计不安全，锚杆的抗拔力不足。

（3）勘察报告忽略了对上层滞水的评价，因而未引起设计、施工人员的足够重视。基坑开挖后，由于坑内外产生较大的水头差，出现侧壁渗水、涌水、流砂，使粉土、粉砂大量流失，基坑边坡坍塌。

（4）勘察报告对地基土土性判断失误（例如将饱和软土判定为粉质黏土），导致设计人员对基坑支护结构形式的选择出现较大失误。

（5）没有认真、仔细地对场地进行实地勘察，而是侥幸地套用附近建筑物以往的勘察资料来指导本工程设计和施工，造成勘察资料提供的土层构成、厚度以及土体的物理力学性质指标与实际情况出入较大，导致土压力计算严重失真，支护结构安全度不足。

（6）基坑勘察布点过少，没有查明场地中某一地段的软弱土层，使设计选用同一支护结构（如喷锚支护），没有特别处理，从而在施工时造成险情。

（7）勘察资料不详细，只给出工程桩持力层范围内土的强度指标，忽略了持力层以上土层的常规试验和现场十字板测试，而持力层以上土层正是支护结构的位置所在。勘察资料所提供的数据不全面，使设计人员失去依据，设计人员往往因为急于出图，则凭经验估计，而估计的数据很难准确，尤其是一些经验不丰富的设计人员，易由于估计失误造成事故。

（8）基坑勘察没有查明土层膨胀性，从而没有引起基坑设计和施工的特别注意，导致在设计参数取值、施工处理等方面都没有考虑土体的胀缩性，基坑开挖过程中，土体浸水后膨胀崩裂，边坡开裂滑塌。

2. 基坑工程设计因素

基坑设计要坚持安全、经济、方便施工的原则。

设计人员在掌握基坑工程要求（平面尺寸和深度等）、场地工程地质和水文地质条件、场地周边环境条件等资料后，应对影响基坑工程围护体系安全的主要矛盾做出分析，确定影响围护体系安全的主要矛盾是土压力还是渗流。

在基坑工程围护体系设计中，要重视围护体系失败或土方开挖造成周边地基变形对周边环境和工程施工造成的影响。当场地开阔、周边没有建（构）筑物和市政设施时，基坑围护体系主要是本身的稳定，可以允许围护结构及周边地基发生较大的变形。这种情况可按围护体系稳定性要求进行设计。当基坑周边有建（构）筑物和市政设施时，应对其重要性、对地基变形的适应能力进行分析，并提出基坑围护结构和地面沉降的允许值。在这种情况下，围护体系设计不仅要满足稳定性要求，还要满足变形要求，而且围护体系设计往往由变形控制。

（1）无证设计、越级设计、私人设计等，导致设计质量低劣，造成险情、事故。这些无证设计、越级设计、私人设计的产品，质量低劣，设计中出现一些原则性的错误，开工后险情频繁发生，甚至造成事故；或者过分保守，造成极大的浪费。另外，如果建筑设计与基坑工程设计分属两家，在设计思路、彼此协调、相互配合等方面造成不一致，也会给基坑工程带来不利影响。

（2）盲目设计是造成基坑工程事故的又一重要原因。不进行地质勘察便进行设计，使得地基土参数选择不当，主动土压力计算值过低，被动土压力计算值过高，支护结构实际受力不安全，变形过大；或者导致基坑降水、止水措施不利，造成经济损失。

（3）不遵守相关规范的一系列规定，是造成基坑工程事故的常见原因。由于基坑工程涉及的专业面比较广，如果相关部分不以相关规范为准绳，会造成各部分的可靠度相差过大，有的方面十分保守，而有的环节十分薄弱。这样一来，实际上浪费了材料又非常危险，甚至造成事故。

（4）支护方案的选择缺乏技术论证。建筑基坑支护方案的选择，取决于基坑开挖深度、地基土的物理力学性质、水文条件、周围环境（如相邻建筑物、构筑物的重要性，相邻道路、地下管道的限制程度等）、设计控制变形要求、施工设备能力、工期、造价以及支护结构受力特征等诸多因素。对大型基坑或复杂条件下的基坑支护方案，不能凭个别人有限的经验和片面的知识随意确定，要邀请有关专家进行技术论证。

（5）设计荷载取值不当。土压力的计算是支护结构设计计算的前提，但是必须注意到，实际的土压力在基坑开挖到地下结构完工期间，不是一成不变的。当支护结构实际承受的主动土压力大于设计计算值时，支护结构产生较大的变形。

（6）土体强度指标选择失真。在缺乏试验数据的情况下，设计人员对地基土强度指标的选择过于冒险，脱离实际，导致支护结构安全系数过低。一些设计人员不管在什么条件下，土体都选用同样的强度指标，在基坑支护设计中都用总应力法，使得计算结果与实际情况出入较大，造成基坑工程事故。

（7）治理水的措施不力。深基坑工程中经常会遇到地下水，为确保深基坑工程施工的正常进行，必须对地下水进行有效的治理。因此必须了解场地的地层岩性结构；查明含水层的厚度、渗透性和水量，研究地下水的性质、补给和排泄条件；分析地下水的动态特性及其与区域地下水的关系；寻找人工降水的有利条件，从而制定出切实可行的最佳降水方案。

3. 基坑工程施工安全因素

基坑工程有着与其他工程不同的特点，是一项系统工程，而基坑土方开挖施工是这一系统中的一个重要环节，对工程的成败起着相当大的作用。

(1) 施工单位无施工资质或越级承包基坑工程。

在我国的建筑市场中，活跃着一批村镇农民施工队。这些施工队技术水平低，素质差，管理混乱，纪律松散。但是，其所在机构简单，财务运作方便，常常通过一些不正当的手段，越级承包基坑工程，导致多数发生险情或造成事故，使国家蒙受损失。

(2) 施工质量差。

为了获取利润便更改设计、偷工减料和粗制滥造。钢筋混凝土支护桩桩体强度严重不足；锚杆或土钉的长度达不到设计长度；各支撑杆件位置的精确度差，受力后杆件弯曲。

(3) 没有严格遵守施工规程。

挖土机械停在基坑支护结构附近反铲挖土，使支护结构所承受的荷载大大增加，并且有较大的动荷载出现，大大超出了设计计算的安全储备，造成围护结构大变形。

基坑开挖过程中，挖土机械随意碰撞支撑系统、锚杆系统及支护桩墙，造成不应有的损失（如支撑破坏、锚头掉落、桩身撞伤等）；基坑底面暴露时间过长；基坑放坡开挖时坡角过陡；打桩产生较大位移及倾斜；支撑结构的安装未遵守先撑后挖的原则，而是先挖后撑；锚杆干作业成孔后，附于孔壁上的土屑、松散泥土未清除干净，降低了锚杆的抗拔力，水灰比不符合要求。

(4) 施工管理混乱，安全意识淡漠。

施工单位一面从基坑排水，另一面将生活用水及大量的施工废水无意识地倾倒在基坑边缘，造成基坑支护结构主动土压力大幅度增加，引起支护结构大变形；施工期间对附近的地下水管保护不力，使得水管泄漏；基坑开挖过程中，对设计中的"桩后卸载、桩前留置反压土体"等措施敷衍了事，卸载不足，反压土体被挖，造成围护结构大变形；施工单位为了运土方便，随意在基坑一侧挖开一个缺口，破坏了原有的支护结构和止水帷幕，造成地下水流入基坑，坑壁滑塌；基坑施工期间，施工单位在基坑边缘堆放大量的建筑材料，以及基坑中开挖出来的土石，甚至有些施工单位在基坑边搭起简易三层小楼兼作办公室、材料库，对基坑支护结构产生很大的附加压力，使支护结构大变形。

(5) 降水、排水、防水的措施不力。

膨胀土场地，由于没有及时用水泥砂浆封闭基坑坡顶及坡面，使外部水浸入土层；或者没有采取有效的隔水、排水措施，使临空面附近浸泡，膨胀土浸水膨胀，其强度显著下降，基坑稳定性大大降低；暴雨或止水帷幕漏水使基坑大量进水，施工单位在没有采取任何措施的情况下，以最快的速度将水抽干，然而，由于浸泡，支护结构主动土压力增大，被动土压力减小，坑内高水位突然大幅度下降，支护结构两侧形成很大的水位差，支护结构失去平衡，基坑倒塌；由于降水措施不利，效果不显著，打桩后场地土体产生较大的超静孔隙水压力，基坑开挖时，超静孔隙水压力对支护桩有挤压作用；由于对基坑附近的排水管道、泄洪管道保护不力，造成管道破裂，大水冲垮基坑。

(6) 技术水平低，缺乏经验，不能正确处理淤泥场地中的复杂问题，大量的钢筋混凝土预制桩施工结束不久，便进行基坑开挖，使得软土强度远远小于设计值，导致支护结构滑移。由于施工单位缺乏此方面的经验，造成较大经济损失；一些硬质黏土、黏土岩和页岩地质，天然条件下具有较高的强度，但是基坑开挖暴露后，不及时封闭岩面时，造成严重风化，强度降低，微裂缝张开崩解，土钉拔出，坑壁一层一层地剥落坍塌。强风化板岩基坑开挖中，没有及时加固临空面，反而严重超挖，造成岩体相继滑塌。

（7）随意修改设计锚杆间距，造成围护结构变形过大；随意将深层搅拌止水改变为压密注浆，造成严重的桩间流砂；随意减小支护桩的嵌固长度，使桩的悬臂部分相对加长，从而造成围护桩严重倾斜；为了基础施工的方便，将最下一道支撑取消，造成地下连续墙支护结构倒塌；擅自取消水平拉锚，同时支护结构却不做修改，变锚拉桩为悬臂桩，造成支护桩大面积倾覆。

4. 基坑工程监测因素

基坑工程中支护结构的变形、受力、位移由于受地质条件、荷载条件、材料性质、施工条件和外界其他因素的复杂影响，很难单纯从理论上准确计算，而这些特征值又是影响基坑安全、施工安全的重要标志。因此，在理论分析指导下有计划地进行现场工程监测十分必要。

基坑支护工程监测的特点是在通过监测获取准确数据之后，特别强调定量化分析与评价，强调及时进行险情预报，提出合理化建议，并进一步检验加固处理后的效果，直至解决问题。

对监测结果的分析评价主要包括下列方面：

（1）对支护结构的水平位移进行定量分析。包括位移速率和累计位移量的计算，绘制位移随时间的变化曲线，对引起位移速率增大的原因（切开挖掘深度、超挖现象、支撑不及时、暴雨、积水、渗漏、管涌等）进行分析。

（2）对沉降及沉降速率进行计算分析。土体沉降要区分是由支护结构水平位移引起的还是由地下水位降低等原因引起的。经验表明，由支护结构水平位移引起相邻地面的最大沉降与水平位移之比在 0.6～1.0 之间（一般为 0.6～0.8），而沉降发生的时间比水平位移发生的时间滞后 5～10d。地下水位降低会引起地面较大幅度的沉降，应给予重视。邻近建筑物的沉降观测结果要与有关规范中的沉降限值相比较。

（3）对各项监测结果进行综合分析并相互验证。用新的监测资料与原设计预计情况进行对比，判断现有设计、施工的合理性，必要时及早调整施工方案。

（4）根据监测资料分析基坑开挖对周边环境的影响和基坑支护的效果。通过反分析，查明工程事故的技术原因。

（5）用数值模拟分析方法分析基坑施工期间支护结构的位移变化规律，进行稳定性分析，用反分析方法推算岩土体的特性参数，检验原设计计算方法的适宜性，预测后续开挖工程可能出现的新问题。

（6）进行险情分析，及时提出险情预报和处理措施。

5. 基坑工程管理因素

在诸多基坑工程事故中，建设单位存在的问题主要有以下几个方面：

（1）无计划盲目建设，无设计随意施工。工程建设无组织、无计划地进行，工程质量得不到保证。

（2）任意发包建设工程，造成一些无资质的设计或施工单位（甚至个体户）承包基坑工程。

（3）发包基坑工程设计或施工任务时无限度地压价，无限度地压缩工期，早期时间十分仓促，使得设计中存在不少问题，一些方面考虑不周，各个专业之间协调不够，甚至出现设计安全度偏低、专业之间相互"打架"的现象；施工则往往粗制滥造，偷工减料，给工程留下了隐患。

（4）不按规定报建，不办理施工许可证，不办理质量安全监督手续，造成基坑工程质量监督失控。

（5）建设单位没有具体分析实际情况，轻信了掌握某种支护技术的单位或个人的夸张宣传，导致所选用的支护形式不适用，从而造成事故。

（6）建设单位为了节省支护结构设计的费用，盲目地套用某些基坑工程的支护桩，使得支护方案不科学，继而又武断地将桩距增大或将桩径减小，造成支护结构破坏，初衷是为了节省投资，结果是造成浪费，事与愿违。

（7）建设单位为了节省投资，在施工过程中，取消了部分支护桩上的锚杆，使得锚杆实际数量远远少于设计数量；更有甚者将锚杆全部取消，变锚杆桩为悬臂桩，造成支护结构严重倾斜，甚至破坏。

6. 基坑工程监理因素

建筑工程监理制度是我国改革开放以后（1989年）建立起来的，由于时间短，相应的各种机制不健全。在基坑工程事故调查中，尽管没有发现一例是由工程监理承担第一位责任，但是大多数基坑工程事故中，工程监理难辞其咎，其中的问题主要有以下几个方面：

（1）监理公司的人员素质状况阻碍了全过程监理的实施。一些监理公司的监理工程师以前主要是从事工程设计和施工的技术人员，他们在思想上对建筑工程监理认识片面，把工程监理理解为质量监督。另外，他们中相当一部分人员只懂工程技术，缺乏经济管理、金融以及货物采购等方面的知识，这就大大限制了他们监理业务的范围。

（2）一些监理公司的人员多为退休或下岗职工，还有一部分为兼职人员。这些人员或年老体弱，或一知半解，或其他事务缠身，不能及时发现问题，更没有及时向业主提供工程信息，也不善于提出解决问题的建议，使得业主不能及时了解工程情况，错过决策的良机。

（3）一些监理公司的工作人员思想麻痹，工作不积极主动，而是做样子。他们认为设计上的问题是设计院的责任，施工中的问题是施工单位的责任，监理公司不是造成损失的直接责任者，不对造成的经济损失负责。

（4）大多数基坑工程的监理工作仅仅停留在施工阶段的监理，忽略了对基坑设计质量进行严格把关，使隐患进入施工阶段。同时，淡化了对材料的核验和抽检工作，为劣质材料进入场地开了方便之门。

（5）对基坑工程的重点部位和重要工序没有旁站监理，也没有提醒施工单位高度重视,从而导致关键部位施工质量不过关,造成不应有的损失。

(6) 对施工单位严重的错误行为(如桩后卸土严重不足,挖掉支护结构内侧留置的反压土体,先挖后撑,严重超挖,监测不及时等)没有及时制止,从而酿成事故。

(7) 监理公司甚至对违章建筑实施监理,没有发挥应有的作用。

7. 基坑工程其他因素

前面我们分别从建设单位、勘察、设计、施工管理和监理等5个方面分析了引发建筑基坑工程事故的原因。但是,建筑基坑工程是一项系统工程,一般说来,每起基坑工程事故都是由许多不利因素共同引发的。所以,建筑基坑工程的成败,与勘察、设计、施工、监测(或检测)和监理5个方面的协调、配合也是密不可分的。

另外,我国建筑基坑工程事故率高,还存在着一些间接和客观方面的原因:

(1) 20世纪80年代后期,我国改革开放步伐加快,各大城市尤其是沿海开放城市基本建设全面铺开,有人这样形容当时的场面:半个中国成了一个大工地。一些城市的基本建设一度变成了买方市场,在这种情况下,管理、技术、材料等方方面面都出现了滥竽充数、鱼目混珠的现象。

(2) 20世纪80年代之前,我国的建筑基坑工程尤其是深基坑工程比较少,建筑基坑工程中的许多问题都在探索之中,所以,存在着水平低、经验少等实际困难,更不要说设计规范和施工规程了。在基坑工程大量出现之际,工程技术人员无法可依,只好"摸着石头过河"。一直到20世纪90年代中期,才有一些基坑工程的地方规范问世。

(3) 一些业主或承包商片面强调基坑工程的临时性,忽略了基坑工程的重要性、复杂性、随机性、风险性以及事故的偶发性。

(4) 建筑基坑工程本身是集挡土、支护、防水、降水和挖土等环节所构成的一个系统工程,其中某一环节失控,也会造成事故。

(5) 建筑基坑工程无论从理论上还是实践检验上都还存在许多不完善之处,而工程本身又十分重要,在这两者之间存在着不确定性,也是造成事故的原因。

(6) 从知识结构看,实施建筑基坑工程,应具备理论力学、材料力学、结构力学、建筑结构、工程地质与水文地质、土力学、地基基础、基坑处理及原位测试等多种学科知识,同时又要具有丰富的施工经验,并要结合场地土层地质条件和周围环境情况,才能因地制宜地制定出合理的建筑基坑工程方案。如果上述某一方面知识匮乏或不足,进行基坑工程设计及施工时,极易引发事故。但是理论扎实、施工经验丰富、专门从事建筑基坑工程高素质的技术人才,目前还比较缺乏。

(7) 建筑基坑工程具有明显的地域性,当外地的设计与施工队伍初到某一城市,往往由于对该地区的基坑工程特点不熟悉,带有一定的盲目性,这也是造成事故的原因之一。

2.5.3 控制基坑变形的若干方式

1. 基坑开挖

基坑工程是基坑开挖、支护结构施工以及地下水控制的系统工程,基坑开挖对周边环境的影响很大,甚至对基坑工程的安全都非常重要。同样类型的基坑,采用相同的设计方法和支护结构,由于土方开挖的方法、顺序不同,支护结构的位移和对环境影响的程度存在较大差异。"及时支撑、先撑后挖、分层开挖、严禁超挖",是大量深基坑工程设计与施工的实践经验总结,也是深基坑开挖应遵循的基本原则。在大面积深基坑工程中,基坑开挖过程的时空效应十分明显。土方开挖方式应结合基坑规模、开挖深度、平面形状以及支护设计方案综合确定。

深基坑应分层进行土方开挖,分层位置应结合支护体系的特点确定,如多级放坡的分级位置、锚杆、土钉、内支撑或结构梁板的高程位置等,必要时还可在以上分层的基础上进一步细分。对于平面面积较大的基坑工程,土方开挖应分段、分块进行。

土方分块时应考虑主体结构分缝、后浇带位置、现场施工组织等因素,土方分块开挖宜间隔、对称进行,开挖到位的区块应及时进行支撑(锚杆)施工或形成垫层,减小基坑周边支护结构的无支撑暴露长度。

按照分块开挖的顺序不同,深基坑开挖的方式可分为分段(块)退挖、岛式开挖和盆式开挖等几种,现场应根据支护布置形式确定合理的开挖方式。基坑开挖方式的不同对周边环境的影响也有所不同,岛式开挖更有利于控制基坑开挖过程中的中部土体的隆起变形,盆式开挖则能够利用周边的被动区留土,在一定程度上减小支护结构的侧向变形。

土方开挖产生的渣土应及时外运出场至指定地点,不应在基坑开挖过程中在基坑周边留存大面积的填土堆载。确需进行坑外堆土时,应经过复核并对相应的支护体系进行加强后方可实施。土方开挖后,应及时跟进支撑或垫层的施工,控制无支撑暴露时间,有利于控制支护结构的变形和基坑内部的隆起变形,减少对周边环境的影响。

2. 基坑支护

基坑支护结构的传统方法是板桩支撑系统或板桩锚拉系统。经过多年的探索与工程实践,目前我国基坑工程所采用的支护结构形式多样,按受力性能大致可分为五大类,即悬臂式支护结构、重力式支护结构、锚喷(网)支护结构、单(多)支点混合支护结构及拱式支护结构。其中,桩锚支护作为单(多)支点桩排组合支护结构形式之一,在辽宁省的沈阳、鞍山、大连等地区被广泛使用。

3. 深基坑地下水控制

地下水控制与深基坑工程的安全以及周边环境的保护都密切相关。地下水控制主要有以下三种处理方式:降水、排水和隔水。在地下水位较高的地区,基坑降水(降压)配合排水是为了满足基坑工程安全和方便现场施工的需要,隔水是出于对环境保护的考虑,这些都将直接关系到基坑工程的成败。因此地下水控制是基坑工程的设计和施工必须考虑的重要问题。

降水是深基坑开挖过程中最为常见的地下水处理方式,目的在于降低地下水位、增加边坡稳定性、给基坑开挖创造便利条件;当基坑开挖到基底高程时,承压含水层覆土的重力不足以抵抗承压水头的顶托力时,需要降压以防止坑底突涌。降水系统的有效工作需要通畅的排水系统,但除了将坑内抽降的地下水及时排出外,排水系统还包括地表明水、开挖期间的大气降水等的及时排除。为避免降、排水造成地面沉降影响周边建筑物、市政管线的正常使用，需要设置隔水（止水）帷幕，切断基坑内外的水力联系和补给，既避免坑外的水位下降，也能够有效减少坑内降水的水量。这三种地下水处理方式，作用不同，在基坑工程中常常需要组合使用，才能保护地下水处理的合理、可行、有效。

在我国，1996年8月侯学渊、杨敏主编的《软土地基变形控制设计理论和工程实践》最早提出基坑工程按变形控制设计理念。所谓变形控制设计，是指在充分了解周边环境的前提下，综合考虑基坑深度、地质条件（含地下水条件）和环境条件、气象条件、场地红线条件的基础上，对基坑支护结构及可能影响的周边环境进行变形验（估）算，在支护结构体满足强度及稳定的前提下，控制位移在环境允许的范围内，合理确定其变形控制量，并进行支护方案的选择和优化，选择合理的变形控制技术（措施）。在方案实施过程中实行动态设计，以确保基坑变形对周围道路、地下管线、建（构）筑物不会产生不良影响，不会影响其正常使用为目的。这一设计理念就是基坑工程变形控制设计。

做好基坑工程的变形控制设计，应包括以下内容：

（1）明确周边环境（建筑物、构筑物、道路、地下管线）的位移变形量（包括变形速率）。

（2）做好基坑工程的概念设计，对支护方案进行比选，在正确选型基础上对支护结构进行优化设计（如对支护桩嵌固深度、刚度的调整，拉锚采用扩大头锚杆调整位置、调整预应力以控制变形等）。

（3）对支护结构和保护对象进行变形预测分析和估算，必要时调整、补充或优化设计。

（4）选择合理的止水帷幕，并控制施工质量，防止基坑发生大的涌砂事故，以控制基坑变形。

（5）设计合理的土方开挖方案以控制基坑的不正常变形。

（6）科学、全面地监测、分析，随施工过程及反馈信息及时调整设计方案，实行动态设计，当变形过大时及时采取工程措施。

（7）有效的变形控制技术及应急措施。

另外，土体模量、泊松比、黏聚力、摩擦角，支护结构中的桩嵌固深度、桩径、锚杆倾角、锚杆施加位置、锚杆长度等诸多因素，对基坑变形都有一定影响，因此控制基坑变形还可从以下几点出发：

（1）土体参数中，土体模量与泊松比的变化对支护结构变形影响较大，黏聚力和摩擦角的影响不很明显，其中黏聚力的影响要比摩擦角大。

（2）坑底以上的土，其模量的改变对支护结构影响较小。坑底以下的土为支护结构提供被动压力，其模量改变对支护结构变形影响较大。

（3）当锚杆嵌固深度在相对较浅范围内变化时，对支护结构的影响较大；而当增大到一定程度后，其变化对支护结构变形影响减弱。对于开挖深度为11m的桩锚支护基坑，嵌固深度一般设计4m为宜。

（4）改变桩径即改变了支护结构的刚度，桩径增大减小了支护结构的变形，桩径大到一定值时对支护结构变形影响变小。对于开挖深度为11m的桩描支护基坑，桩径一般设计 0.6m 为宜。

（5）锚杆倾角变大，则支护结构的变形也变大。锚杆倾角在 10°～25°之间支护结构的位移变化较小且平缓，在此范围内不仅符合施工方便性，而且符合工程的安全性。

（6）锚杆施加的位置对支护结构变形影响很大，锚杆位置越靠近桩顶，支护结构的变形越小。两排锚杆的情况与一排锚杆相同，而且从变形曲线图中发现，第一排锚杆的位置起到关键作用，实际施工时，一般设计为离地表 4m。

（7）锚杆越长，支护结构的变形越小。对于开挖深度为 11m 的桩锚支护基坑，锚杆长度一般设计 11～14m 为宜。

2.6　基坑工程空间效应

基坑工程空间效应是指由于其空间的结构形式和受力状态，使各部分支护结构的受力和变形相互影响而发生改变的性质。特别是对于两个方向尺寸相近的基坑，其空间效应更加明显，如方形、圆形、椭圆形等平面形状深基坑的空间效应十分显著。

对于基坑工程的空间效应，其实质是：一方面指的是基坑在空间上的形状。基坑是一个同时具备长、宽、深的空间三维结构，它的平面断面形状多呈矩形、圆形、方形、多边形等不规则形状。不同形状基坑变形规律不同，且同一基坑不同部位变形规律也不同。另一方面是指基坑的施工开挖。实践表明，在基坑开挖过程中，常采用分层、分段、分块开挖，减小每步开挖的尺寸，以达到更好的控制基坑变形的目的。

工程实践显示，基坑的空间形状尺寸对基坑周边土体的变形和基坑围护结构的变形有较大的影响。基坑周边土体和其围护结构之间的相互空间作用对减小基坑围护结构的内力和变形具有显著作用，可以加强基坑的整体稳定性。目前基坑设计中采用《建筑基坑支护技术规程》（JGJ 120—2012），其基本理念是假设基坑足够长，将其简化为二维平面应变问题，在此基础上确定支护结构的水平荷载和抗力。工程实践及国内外学者的研究均证实，简化为二维平面应变的方法仅适用于基坑较长时的坑壁中间区域，对于基坑角部，由于存在明显的空间效应，按照二维方法计算出来的土正应力与实际情况存在明显的差别。

清华大学、同济大学对长条形基坑外地面的纵向沉降采用三维有限元进行了初步的研究，分析发现，基坑长方向两端由于空间作用，对沉降有约束作用，呈现沉降骤减的规律，离基坑越远，这种约束作用越小。

基坑的三维空间效应的特点可以归纳如下：

基坑由于角部效应，靠近基坑角部的变形 $\delta_{Coner}/\delta_{Center}$ 始终小于 2.0。

一般情况下，基坑的平面尺寸越小，基坑中部的变形受到角部效应的影响越明显，变形越小。

开挖深度越深，基坑的角部效应越明显，也即 $\delta_{Coner}/\delta_{Center}$ 的值会越小，靠近基坑角部时位移衰减的幅度越大。

当下卧硬土层距坑底的距离较大时，2D 计算结果会较 3D 计算结果过高地估计基坑变形，而当硬土层位于或接近于坑底时，2D 和 3D 在基坑长边中部的计算结果会较为接近。

当基坑的边长与开挖深度比（L/H）较小时，对于基坑中部截面的变形 2D 计算的结果较 3D 的计算结果大，而 3D 的计算结果更能真实地反映基坑变形。

基坑的几何形状的影响，主要体现为基坑的空间效应，如长条形基坑、不规则基坑的阳角等均表现出特殊的变形特点，如图 2-8～图 2-10 所示。

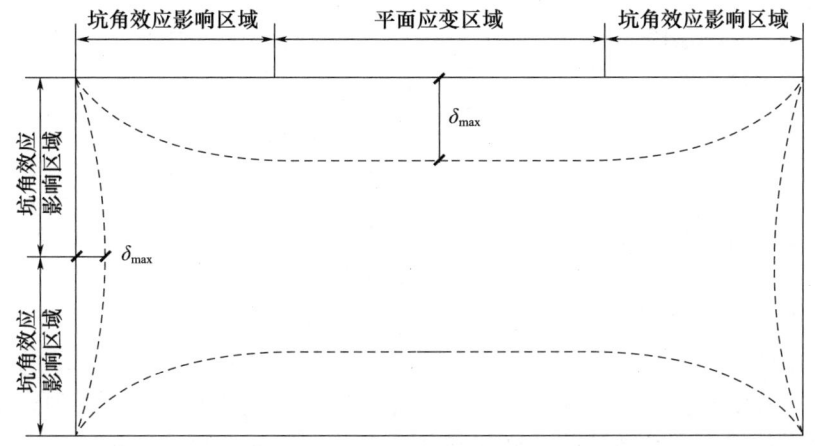

图 2-8　长条形基坑的变形性状

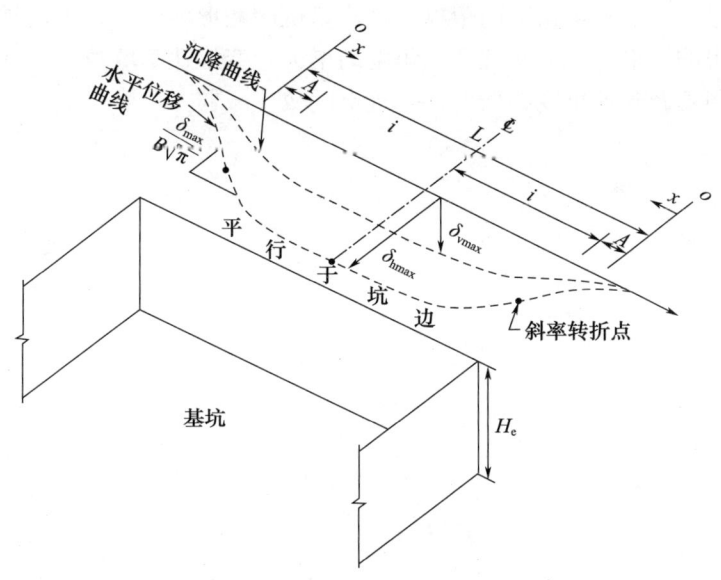

图 2-9　坑外土体位移曲线

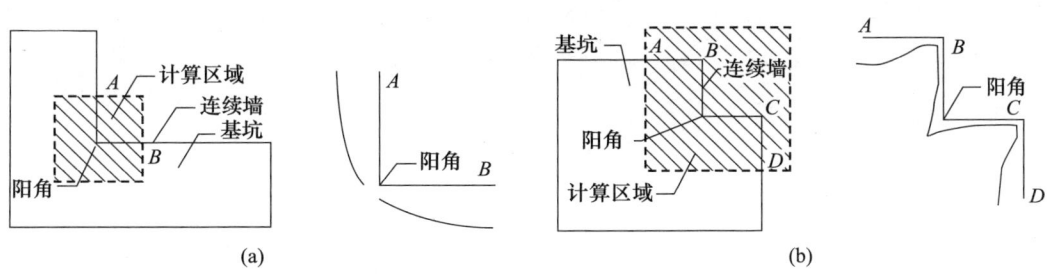

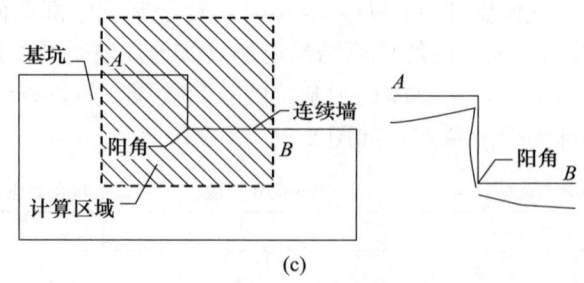

图 2-10 基坑阳角的空间效应

(a) 阳角臂较长基坑；(b) 阳角臂较短基坑；(c) 阳角臂一长一短基坑

基坑的变形分析是一个典型的三维问题，特别是在基坑的角部有明显的角部效应，但是在实际分析中通常用二维平面来进行简化分析。对于长条形的地铁基坑，采用平面分析较为准确，但是对于一般形状的，角部效应较为明显的基坑，基坑的三维变形效应则是不可忽略的。同时基坑两侧地层纵向不均匀沉降对于平行于基坑侧墙的建筑及地下管道线的安全影响至关重要。对于不同长宽比基坑，基坑的变形规律不同。基坑的长边围护结构水平位移和基坑坑底隆起随长宽比的变化而变化明显，基坑短边方向的围护结构水平位移随长宽比的变化不明显，具有明显的空间效应。基坑存在明显的角部效应，其角部的变形最小，离基坑角部的距离越远，基坑的变形就越大，也就越接近按二维平面问题分析所得的结果。随着基坑开挖角度的增大，变形从基坑角部到基坑中部的变化幅度减小，说明随着开挖角度的增大，基坑空间效应减弱。

3 湿陷性黄土地区基坑变形监测研究

3.1 基坑变形监测项目

基坑变形监测项目的选择应根据基坑支护形式、地质条件、工程规模、施工工况与季节及环境保护的要求等因素综合而定。基坑工程的监测项目应与基坑工程设计、施工方案相匹配。应针对监测对象的关键部位，做到重点观测、项目配套并形成有效、完整的监测系统。监测项目的选择既关系到基坑工程的安全，也关系到监测费用的大小。盲目减少监测项目很可能因小失大，造成严重的工程事故和更大的经济损失，得不偿失；随意增加监测项目也会造成浪费。我国不同的规范对基坑监测项目的选取做出了具体的规定。

1. 国家标准《建筑地基基础设计规范》（GB 50007—2011）要求

第10.3.5条规定，基坑开挖监测内容包括支护结构的内力和变形，地下水位变化及周边建（构）筑物、地下管线等市政设施的沉降和位移等。监测项目可按表3-1选择。

表3-1 基坑监测项目

监测项目	地基基础设计等级		
	甲级	乙级	丙级
支护结构水平位移	√	√	√
领近建（构）筑物沉降与地下管线变形	√	√	√
地下水位	√	√	○
锚杆拉力	√	√	○
支撑轴力或变形	√	△	○
立柱变形	√	△	○
桩墙内力	√	△	○
地面沉降	√	△	○
基坑底隆起	√	△	○
土侧向变形	√	△	○
孔隙水压力	△	△	○
土压力	△	△	○

注：1. √为应测项目，△为宜测项目，○为不可测项目；
2. 对深度超过15m的基坑宜设坑底土回弹监测点；
3. 基坑周边环境进行保护要求严格时，地下水位监测应包括对基坑内、外地下水位进行监测。

2. 国家标准《建筑基坑工程监测技术标准》(GB 50497—2019) 要求

《建筑基坑工程监测技术标准》(GB 50497—2019) 将监测项目分为仪器监测项目和巡视检查项目。基坑工程的现场监测应采用仪器监测与巡视检查相结合的方法，多种观测方法互为补充、相互验证。仪器监测可以取得定量的数据，进行定量分析；以目测为主的巡视检查更加及时，可以起到定性、补充的作用，从而避免片面的分析和处理问题。根据《建筑基坑工程监测技术标准》(GB 50497—2019) 第 4.2 条，基坑工程仪器监测项目应根据表 3-2 进行选择。

表 3-2 建筑基坑工程仪器监测项目

监测项目		基坑工程安全等级		
		一级	二级	三级
围护墙（边坡）顶部水平位移		应测	应测	应测
围护墙（边坡）顶部竖向位移		应测	应测	应测
深层水平位移		应测	应测	宜测
立柱竖向位移		应测	应测	宜测
围护墙内力		宜测	可测	可测
支撑内力		应测	应测	宜测
立柱内力		可测	可测	可测
锚杆内力		应测	宜测	可测
坑底隆起		可测	可测	可测
围护墙侧向土压力		可测	可测	可测
孔隙水压力		可测	可测	可测
地下水位		应测	应测	应测
土体分层竖向位移		可测	可测	可测
周边地表竖向位移		应测	应测	宜测
周边建筑	竖向位移	应测	应测	应测
	倾斜	应测	宜测	可测
	水平位移	宜测	可测	可测
周边建筑、地表裂缝		应测	应测	应测
周边管线	竖向位移	应测	应测	应测
	水平位移	可测	可测	可测
周边道路竖向位移		应测	宜测	可测

注：基坑类别的划分按照国家标准《建筑地基基础工程施工质量验收标准》(GB 50202—2018) 执行。

根据《建筑基坑工程监测技术标准》(GB 50497—2019) 第 4.3 条，基坑工程巡视检查宜包括以下内容：

（1）支护结构：①支护结构成型质量；②冠梁、支撑、围檩或腰梁是否有裂缝；③冠梁、围檩或腰梁的连续性，有无过大变形；④围檩或腰梁与围护桩的密贴性，围檩与支撑的防脱落措施；⑤锚杆垫板有无松动、变形；⑥立柱有误倾斜、沉降或隆起；⑦止水帷幕有无开裂、渗漏水；⑧基坑有无涌土、流沙、管涌；⑨面层有无开裂、脱落。

（2）施工工况：①开挖后暴露的土质情况与岩土勘察报告有无差异；②开挖分段长度、分层厚度及支撑（锚杆）设置是否与设计要求一致；③基坑侧壁开挖暴露面是否及时封闭；④支撑、锚杆是否施工及时；⑤边坡、侧壁及周边地表的截水、排水措施是否到位，坑边或坑底有无积水；⑥基坑降水、回灌设施运转是否正常；⑦基坑周边地面有无超载。

（3）周边环境：①周边管线有无破损、泄漏情况；②围护墙后土体有无沉陷、裂缝及滑移现象；③周边建筑有无新增裂缝出现；④周边道路（地面）有无裂缝、沉降；⑤邻近基坑施工（堆载、开挖、降水或回灌、打桩等）变化情况；⑥存在水力联系的邻近水体（湖泊、河流、水库等）的水位变化情况。

（4）监测设施：①基准点、测点完好状况；②监测元件的完好及保护情况；③有无影响观测工作的障碍物；

（5）根据设计要求或当地经验确定的其他巡视检查内容。

3. 行业标准《建筑基坑支护技术规程》（JGJ 120—2012）要求

第 8.2.1 条规定，基坑支护设计应根据结构类型和地下水控制方法，按表 3-3 选择基坑监测项目。第 3.1.3 条规定，支护结构的安全等级应综合考虑基坑周边环境和地质条件的复杂程度、基坑深度等因素，按表 3-4 选用。

表 3-3　基坑监测项目选测

监测项目	支护结构的安全等级		
	一级	二级	三级
支护结构顶部水平位移	应测	应测	应测
基坑周边建（构）筑物、地下管线、道路沉降	应测	应测	应测
坑边地面沉降	应测	应测	应测
支护结构深部水平位移	应测	应测	应测
锚杆拉力	应测	宜测	可测
支撑轴力	应测	应测	宜测
挡土构件内力	应测	宜测	可测
支撑立柱沉降	应测	应测	应测
挡土构件、水泥土墙沉降	应测	宜测	可测
地下水位	应测	应测	应测
土压力	宜测	可测	可测
孔隙水压力	可测	可测	可测

注：表内各监测项目中，仅选择实际基坑支护形式所含有的内容。

表 3-4　支护结构的安全等级

安全等级	破坏后果
一级	支护结构失效、土体过大变形对基坑周边环境或主体结构施工安全的影响很严重
二级	支护结构失效、土体过大变形对基坑周边环境或主体结构施工安全的影响严重
三级	支护结构失效、土体过大变形对基坑周边环境或主体结构施工安全的影响不严重

4. 行业标准《湿陷性黄土地区建筑基坑工程安全技术规程》（JGJ 167—2009）要求

第 11.3 条规定，基坑工程的监测项目应根据基坑侧壁安全等级和具体特点，按该表 3-5 选取。

表 3-5 基坑监测项目

监测项目	基坑侧壁安全等级		
	一级	二级	三级
支护结构的水平位移	△	△	△
周边建（构）筑物、地下管线变形	△	△	◇
地面沉降、地下水位	△	△	○
锚杆拉力	△	◇	○
桩、墙内力	△	◇	○
支护结构界面上侧向压力	◇	○	○

注：△为应测项目；◇为宜测项目；○为可不测项目。

根据基坑工程的开挖深度，地下历史文物等与基坑侧壁的相对距离比、基坑周边环境条件和侧壁受水浸湿可能性等，按破坏后果的严重性依据《湿陷性黄土地区建筑基坑工程安全技术规程》（JGJ 167—2009）将基坑侧壁分为 3 个安全等级，见表 3-6。支护结构设计中应根据不同的安全等级选用下列相应的重要性系数：

（1）一级：破坏后果很严重，$\gamma_0 = 1.10$。
（2）二级：破坏后果严重，$\gamma_0 = 1.00$。
（3）三级：破坏后果不严重，$\gamma_0 = 0.90$。

有特殊要求的基坑工程可依据具体情况适当提高重要性系数。对永久性基坑工程，重要性系数 γ_0 应提高 0.10。

表 3-6 基坑侧壁安全等级划分

开挖深度 h (m)	环境条件与工程地质，水文地质条件								
	$a < 0.5$			$0.5 \leqslant a \leqslant 1.0$			$a > 1.0$		
	Ⅰ	Ⅱ	Ⅲ	Ⅰ	Ⅱ	Ⅲ	Ⅰ	Ⅱ	Ⅲ
$h > 12$	一级			一级			一级		
$6 < h \leqslant 12$	一级			一级		二级	一级		二级
$h \leqslant 6$	一级		二级	二级			二级		三级

注：1. h 为基坑开挖深度（m）。
2. a 为相对距离比（$a = x/h'$），为邻近建（构）筑物基础外边缘（或管线最外边缘）距基坑侧壁的水平距离与基础（管线）底面距基坑底垂直距离的比值。
3. 环境条件与工程地质、水文地质条件分类：
Ⅰ为复杂。存在下列情况之一时，可视为复杂：①基坑侧壁受水浸湿可能性大；②基坑工程降水深度大于 6m，降水对周边环境有较大影响；③坑壁土多为填土层或软弱黄土层。
Ⅱ为较复杂。存在下列情况之一时，可视为较复杂：①基坑侧壁受水浸湿可能性较大；②基坑工程降水深度介于 3～6m，降水对周边环境有一定的影响；③坑壁土局部为填土层或软弱黄土层。
Ⅲ为简单。具有下述全部条件时，可视为简单：①基坑侧壁受水浸湿可能性不大；②基坑工程降水深度小于 3m，降水对周边环境影响轻微；③坑壁土很少有填土层或软弱黄土层。
4. 同一基坑依周边条件不同，可划分为不同的侧壁安全等级。

3.2 湿陷性黄土地区基坑监测项目

湿陷性黄土属特殊土，湿陷性、欠压密性、结构性强是其显著特点，其在水和重力的作用下，易受到破坏，使得强度丧失，高孔隙度下降，体积、外在形态发生较大变化。湿陷性黄土地区基坑区别于其他地区基坑，主要是坑壁黄土或黄土状土具有富钙、垂直节理发育、大孔隙、湿陷性，且易受到外界环境例如雨水、洪水等自然因素的影响。在天然情况下湿陷性黄土地区基坑湿度较低、抗剪强度较高，未浸水时，基坑大多数处于安全稳定的状态，当基坑浸水到一定程度时，湿陷性黄土结构改变，强度降低，就会产生增湿剪切破坏的现象，导致出现一系列湿陷性黄土基坑工程事故。统计分析发现，任何一起基坑事故无一例外地与监测不力或险情预报不准确有关。

湿陷性黄土地区基坑监测工作的主要内容，应根据基坑等级和支护结构的类型来确定，但所有监测参数中，支护结构水平位移监测为最主要的参数。支护结构的水平位移是反映支护结构工作状况的直观数据，对监控基坑与基坑周边环境安全能起到相当重要的作用，是进行基坑工程信息化施工的主要监测内容。

一般来说，基坑工程施工现场监测的内容分为两大部分，即支护结构的监测和周边环境的监测。在湿陷性黄土地区的基坑，考虑到湿陷性黄土的特点，应结合基坑等级和支护结构的类型来确定监测内容，主要包括基坑支护结构的水平位移、支护结构周边道路、建筑物、地下管线的沉降和变形监测、地下水位监测、支护结构周边管线变形监测、支护结构深层水平位移监测及支护结构内力监测，特别重要的基坑可进行坑壁土含水率变化的监测。

3.2.1 基坑支护结构的水平位移监测

黄土的竖向抗剪强度很高，但由于黄土的湿陷性特性，基坑在遇强降水后，极易沿基坑壁土体剪切面发生滑移或坍塌，因此湿陷性黄土地区基坑支护结构的水平位移监测是必须监测的一项内容。目前支护围护顶部水平位移监测一般采用全站仪极坐标法和视准线测量等。其中视准线法主要测量监测点的单向移动，一般适合外形为标准矩形的小规模基坑。全站仪极坐标法则不受基坑外形限制，可测量监测点的三维变化。采用全站仪监测时，监测点根据仪器性能的不同，可采用架设标准棱镜、粘贴反射片、安装标准棱镜或小棱镜等方法。水平位移监测点的基准点应埋设在不受基坑变形影响的稳定区域，在每边的中部和端部应布置监测点，监测点的间距不宜大于20m。

3.2.2 支护结构周边道路、建筑物位移监测

基坑开挖过程中由于对周边建筑地下土体或路基产生较大的扰动，建筑物基础或路基的侧向土压力会有所降低，为保证周边建筑和道路的安全性，必须对支护结构周边道路、建筑物的位移进行监测。监测仪器采用高精度水准仪，目前常用的高精度水准仪分为普通光学和电子两种，其中电子水准仪因测量精度高、读数方便、价位合适而应用越来越广泛。监测基准点的布设在保证监测精度要求的前提下，应设于施工、监测方便和便于保存的地方。周边建筑物的监测点应设于建筑物外围距地面便于水准观测的位置，

地面沉降则直接在沉降区域里埋设水准标石。

3.2.3 支护结构周边管线变形监测

为保证支护结构周边市政管道的安全性,应在基坑开挖时对其周边管道如煤气、供水管线、电缆、通信管线的变形进行监测。基坑开挖过程中,管道在竖向和水平方向会有相应的位移变化,一般管线的竖向位移及变形更为突出,因此竖向位移监测精度要求不宜低于1.0mm。竖向位移监测宜采用几何水准测量,也可采用三角高程测量或静力水准测量等方法。变形监测点宜布设在管线的节点、转角和曲率变化较大的部位,同时应根据监测对象的主管部门要求严格确定预警值,保证基坑施工过程周边环境正常稳定。

3.2.4 地下水位监测

自然因素和人类活动都将造成地下水位的变化。自然因素方面,比如由于温室效应引起的全球变暖,一方面引起降雨特征发生变化,另一方面使冰川融化、海平面上升。另外,丰水年持续的降雨,河流、湖泊、水库等地表水体水位的变化都将使地下水位回升成为可能。基坑周边的地下水位与基坑结构的稳定性密切相关,据不完全统计,地下工程事故85%与地下水控制不当有关。基底以下存在承压含水层,基坑开挖减小了含水层上覆隔水层的厚度,当上覆土重力小于承压水的顶托力时,承压水的水头压力能顶裂或冲毁基坑底板,造成突涌。地基土在具有一定渗流速度(或梯度)的水流作用下,其细小颗粒被冲走,土中的空隙逐渐增大,慢慢形成一种能穿越地基的细管状渗流通道,从而掏空地基或坝体,使之变形、失稳,此现象即为管涌。此外,地下水位还可能造成帷幕渗漏、地面塌陷(沉降)、边坡滑移、地基土回弹和上浮等危害。对于湿陷性黄土、膨胀土地区,该危害更为严重。因此为保证基坑施工安全,必须对地下水位进行监测。

3.2.5 支护结构深层水平位移监测

基坑在开挖的过程中或者遇到降水等天气时,在雨水的影响下,基坑周围土体的受力情况将发生明显的变化,因此会对基坑支护结构的变形造成明显影响。支护结构的受力在开挖和降水时会发生较大变化,受力情况比较复杂,施工期间随时都可能发生较大的位移从而导致基坑坍塌。基坑开挖过程中,为了保证基坑开挖以及周围建筑物的安全性,需对基坑支护结构的变形进行实时监测,针对发现的问题可以提前进行处理,预防事故的发生。通过监测,可以实时了解和判断基坑支护结构和周围土体的稳定状态,为基坑开挖施工过程的调整提供相应的参考和指导。

支护结构深层水平位移(简称"测斜")是基坑监测重要参数之一,借助深层水平位移的大小通常可以判断基坑边坡的安全状态。支护结构深层水平位移监测主要包括围护桩体变形监测和围护周边深层土体的水平位移监测,由于黄土强度较高,基坑深层土体产生隆起或沉陷的概率较低,因此除了一级基坑支护结构深层水平位移为必测项目外,对于二级基坑可考虑监测,三级基坑可不进行监测。

现有的测斜仪按照工作方式可以分为活动式测斜仪和固定式测斜仪,活动式测斜仪即便携式测斜仪。活动式测斜仪使用前需要先埋设带导槽的测斜管,测量时隔一定时间将测头放入管内沿导槽滑动测定斜度变化,计算水平位移。固定式是将测头固定埋设在测斜管的固定点上。现有的便携式测斜仪存在人工成本较高的不足,后来出现的固定式测斜仪虽然解决了便携式测斜仪人工成本较高的问题,但是存在测点布置缺乏理论依据及仪器连接安装复杂、实际不易回收的问题。

3.2.6 支护结构内力监测

在基坑开挖的过程中,支护结构体系在不断变化,每次挖掘时不仅有土体被挖掉,还有新的构件添加,这是一种变形体系的施工力学问题。只考虑最后一个状态进行分析与考虑每次开挖不断迭加的成果进行分析,两者所得到的结果是不一样的。因此,基坑开挖和支护过程是一个动态的系统工程,岩土体开挖与支护结构添加的过程对支护结构和岩土体之间的相互作用有影响,这对相互作用的改变一定会影响支护结构的内力与变形特征,所以对前一个开挖的支护结构进行内力与变形行为的监测有利于计算下一个开挖支护的结构内力与变形特征,在此基础上可以完善设计方案,以保证周围建筑物与施工的安全。支护结构内力监测内容包括混凝土支撑轴力、钢支撑轴力、锚索内力、支护桩弯矩等。利用内力监测值结果判断基坑支护结构是否总体稳定,需结合其他监测项目监测结果和巡检情况等综合分析,不可仅凭监测力值就进行判断。

支护结构内应力监测通常是在代表性位置的钢筋混凝土支护桩和地下连续墙的主受力钢筋上布设钢筋应力计,监测支护结构在基坑开挖过程中的应力变化,宜采用振弦式钢筋应力计。钢筋应力计安装前进行拉压两种受力状态的标定,安装采用焊接在被测主筋上的方式,安装时应注意尽可能使钢筋应力计处于不受力状态,特别不应使钢筋压力计处于受弯状态。根据监测对象的结构形式,还可能用到轴力计或表面应力计。

3.2.7 基坑壁土体含水率变化监测

基坑壁土体含水率监测主要是针对基坑壁外侧较近范围内有市政水道管,例如给排水管、污水管等,由于水管常年埋置地下,管道可能出现部分渗漏的现象,造成基坑壁含水率升高,当基坑含水率上升到一定程度时,会造成基坑壁土体抗剪强度降低,出现基坑壁局部塌陷。这种渗透作用一般很难通过常规监测仪器监测,主要通过测基坑壁含水率变化来评估。

湿陷性黄土地区基坑监测项目根据基坑等级可按表 3-7 进行选择。

表 3-7 湿陷性黄土地区基坑监测项目

序号	监测项目	基坑施工安全等级		
		一级	二级	三级
1	基坑支护结构的水平位移	△	△	△
2	支护结构周边道路、建筑物位移	△	△	△
3	支护结构周边管线变形监测	△	△	△

续表

序号	监测项目	基坑施工安全等级		
		一级	二级	三级
4	地下水位监测	△	○	×
5	支护结构深层水平位移监测	△	○	×
6	支护结构内力监测	△	○	×
7	基坑壁土体含水率变化监测	△	×	×

注：△为必测项目；○为宜测项目；×为选测项目或可不监测项目。

除了上述表格需监测的内容，基坑监测应注重人工巡视，以排查基坑支护结构和周边地基环境变化的影响。由于湿陷性黄土的特性，更应关注水对基坑及周边建筑的影响，在强降雨后或发现基坑排水不畅时，应立即组织监测和巡视，及时排查基坑外地面及周边道路有无开裂、沉陷的情况，基坑周边的建筑物有无开裂及倾斜的情况，挡土构件表面有无开裂、墙体后土体有无沉陷、裂缝及滑移的情况等。

3.3 湿陷性黄土地区基坑监测点布置

监测点的布设是开展监测工作的基础，是反映基坑结构自身和周边环境性态的关键。监测点布设时需要认真分析工程结构和周边环境特点，确保受力或位移变化较大的部位有监测点控制，以真实地反映工程结构和周围建（构）筑物性态的变化情况。同时，还要兼顾监测工作量及费用，达到既控制了安全风险，又节约了费用成本。监测点的布置还应能反映监测对象的实际状态及其变化趋势，并满足对监测对象的监控要求。监测点的布置不应妨碍监测对象的正常工作，并且便于监测、易于保护。不同监测项目的监测点宜布置在同一监测断面上。监测标志应稳固可靠、标示清晰。

原则上，能埋设的测点应尽量在工程开工前埋设完成，并应保证有一定的稳定期，在工程正式开工前，各项静态初始值应测取完毕。沉降、位移的测点应直接安装在被监测的物体上，若道路地下管线无条件开挖探洞设点，则可在人行道上埋设水泥桩作为模拟监测点，此时模拟桩的深度应稍大于管线深度，且地表应设井盖保护，不至于影响行人安全；如果马路上有管线设备（如管线井、阀门等），则可在设备上直接设点观测。

湿陷性黄土地区基坑监测点具体布置情况如下：

（1）支护结构垂直位移监测点布置可与水平位移监测点共用。支护结构顶部水平位移应沿基坑周边布设，在每边的中部和端部阳角均应布设监测点，监测点的间距不宜大于 20m。当监测对象重要且部位对变形控制要求高时应适当加密。

（2）支护结构内力、支撑或锚杆（索）轴力、土压力、孔隙水压力、支护结构深层水平位移等监测应选择在具有代表性的断面位置。监测断面间距宜为 20～50m，基坑每边监测断面数不应少于 1 条。

（3）用测斜仪观测深层水平位移时，当测斜管埋设在支护结构体内，测斜管长度不应小于支护结构的深度。当测斜管埋设在土体中，测斜管长度不应小于基坑开挖深度的

1.5倍，且不应大于支护结构的深度。以测斜管底为固定起算点时，管底应嵌进稳定的土体中。

（4）支护结构内力监测点应在受压区及受拉区主要受力钢筋上布设钢筋应力计。竖直方向监测点间距宜为2～4m。

（5）支撑（锚拉）轴力监测点宜设置在支撑（锚拉）轴力较大或在整个支撑（锚拉）系统中起控制作用的构件上，每层轴力监测点不应少于3个，各层监测点位置宜在竖向保持同一断面。根据选择的测试仪器特点，钢支撑的监测截面宜布设在两支点间1/3部位或支撑的端头，混凝土支撑的监测截面宜布设在两支点间1/3部位，并应避开节点位置。锚杆（索）轴力测力计应安装在钢垫座和锚具之间，从测力筒中心孔中穿过，需测试锚杆轴力沿长度变化时，宜在锚杆主筋设置相应规格的钢筋应力计，钢筋计间距宜为1～2m。

（6）立柱的垂直位移监测点宜布设在基坑中部、多根支撑交会处、地质条件复杂处的立柱上。监测点不应少于立柱总根数的5%，并不应少于3根，逆作法施工的基坑不应少于立柱总根数的10%，并不应少于3根。立柱的内力监测点宜布设在受力较大的立柱上，位置宜设在坑底以上各层立柱下部的1/3部位。

（7）土钉轴力监测点应选择在受力较大且有代表性的位置，基坑每边中部、阳角处和地质条件复杂的区段宜布设监测断面。土钉轴力监测，可在土钉主筋设置相应规格的钢筋应力计，钢筋计间距宜为1～2m。

（8）围护墙支护结构侧向土压力监测点应布设在结构受力或土质条件变化较大以及其他有代表性的部位。水平位移监测点布设时，基坑每边不宜少于2条监测断面，垂直位移监测点布设时，监测点间距宜为2～5m，且下部宜加密。当按土层分布情况布设时，每层布设的监测点数不应少于1点。

（9）坑底隆起（回弹）监测点宜按纵向或横向剖面布设，剖面宜通过基坑的中央及其他能反映变形特征的位置，剖面数量不应少于2条。同一剖面上监测点间距宜为10～30m，监测点数不应少于3点。

（10）孔隙水压力监测点宜布设在受力或土质条件变化较大以及其他有代表性的部位。监测点竖向布设宜在水压力变化影响深度范围内按土层分布情况进行布设，监测点竖向间距宜为2～5m，数量不宜少于3点。

（11）基坑内地下水位监测，当采用深井井点降水时，地下水位监测点宜布设在基坑中央或两相邻降水井的中间部位。当采用轻型井点、喷射井点降水时，水位监测点宜布设在基坑中央和周边拐角处。基坑外地下水位监测，监测点应垂直基坑边布设，并且能反映所保护对象处的地下水位变化情况，监测点间距宜为20～30m。相邻建筑、重要的管线或管线密集处也应布设水位监测点。若有止水帷幕，监测点宜布设在止水帷幕外侧1～3m处。采用回灌措施时，监测点应设置在回灌井与被保护对象之间靠近被保护对象一侧。

（12）管线监测点宜布设在管线的节点、转角点和变形曲率较大的部位，监测点间距宜为15～25m。给水、天然气、热力等压力管线宜设置直接监测点，在无法埋设直接监测点的部位，可设置间接监测点。

3.4 湿陷性黄土地区基坑监测方法

3.4.1 水平位移监测方法

测定特定方向上的水平位移时可采用视准线法、小角度法、投点法等。测定监测点任意方向的水平位移时可视监测点的分布情况，采用前方交会法、自由设站法、极坐标法等。当基准点距基坑较远时，可采用 GPS 测量法或三角、三边、边角测量与基准线法相结合的综合测量方法。

1. 轴线法

沿基坑的一条直线边建一条轴线并在直线边上布设水平位移点，如图 3-1 所示：点 A、B 是轴线的两个基准点（端点），1，2，…，n 为水平位移监测点。轴线法不需测角也不需测距，只需将轴线用经纬仪投射到位移点的旁边，并用小钢尺等工具分别量取水平位移监测点 1，2，…，n 至 A—B 这条轴线的距离。通过两次偏距的比较来计算水平位移量 Δ_d。

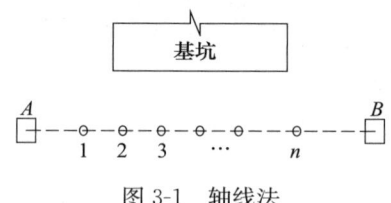

图 3-1 轴线法

所量取的偏距的精度主要受仪器对中误差 m_1、轴线照准误差 m_2、读数照准误差 m_3、大气折光影响 m_4 的综合影响，其位移量精度估算公式见式（3-1）。

$$m_{\Delta_d} = \sqrt{2}\, m_d = \pm \sqrt{2\,(m_1^2 + m_2^2 + m_3^2 + m_4^2)} \tag{3-1}$$

式中 m_d——量取一次偏距的中误差；

m_{Δ_d}——水平位移量的中误差。

轴线法操作简单方便，成本较低，在基坑等级要求不高的情况下，使用较为广泛。但是由于轴线法所量取的偏距的精度受仪器对中误差、轴线照准误差、读数照准误差、大气折光影响的综合影响，当基坑等级较高时，如采用轴线法，精度无法满足要求。

2. 视准线法

视准线法是以两固定点间经纬仪的视线作为基准线，测量变形观测点到基准线间的距离，确定偏离值的方法。视准线法具有方法简便、实用、效率高、投资较少等优点，但需要在现场通过设置测站点、方向点和检核点建立视准线，各种点的设置受基坑周边环境影响较大。视准线法包括小角度法和活动觇牌法两种。

（1）小角度法。

小角度法（图 3-2）是沿基坑的每一直线边建立一条轴线即一个固定方向，通过精密全站仪测出固定方向与测站至位移点方向的夹角即小角度 α，并测得测站至位移点的距离 D，从而计算出位移点离轴线的偏距见式（3-2）：

$$d=D\alpha/\rho \tag{3-2}$$

式中 D——工作基点 A 至观测点 P 的距离（m）；

ρ——常数 $206265''$；

α——基准线与测站到观测点视线之间的夹角（″）。

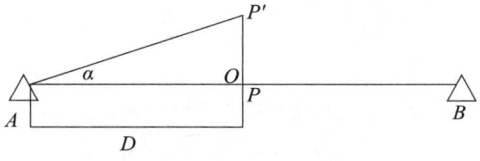

图 3-2 小角度法

由小角法的观测原理可知，水平位移观测精度受距离 D 和水平角 α 的观测误差的影响，由于 D 经一次观测后可作为固定值，水平位移观测精度可认为仅与测角精度有关，其观测中误差 m_{Δ_d} 可按照式（3-3）计算：

$$m_{\Delta_d}=\sqrt{2}D\cdot\frac{m_\alpha}{\rho} \tag{3-3}$$

式中 m_{Δ_d}——水平位移量的中误差；

D——工作基点 A 至观测点 P 的距离（m）；

m_α——水平角 α 的观测误差；

ρ——常数 $206265''$。

（2）活动觇牌法。

活动觇牌法是通过一种精密的附有读数设备的活动觇牌直接测定观测点相对于基准面的偏离值。它所需要的专用仪器和照准设备是精密视准仪或精密经纬仪、活动觇牌。觇牌上有分划尺，最小分划值为 1mm，用游标尺可直接读到 0.1~0.01mm。这种方法不需要计算，在现场可以直接得出变形结果，但是它不仅有测小角法的缺点，而且对活动标牌上的读数尺有很高的要求，成本较高。

活动觇牌法如图 3-3 所示，是由观测员根据已固定的视准线上指挥活动觇牌左右移动，直至活动中心与视准线重合，此时觇牌观测人员通过觇牌上的标尺和游标进行读数。一般应进行 4 组读数，正倒镜各观测一次为一个测回，一组点需连续观测 2~3 个测回，其计算公式如下：

$$\Delta_i=(P_i-Q_i)-\Delta_{i-1} \tag{3-4}$$

式中 Δ_i——本次位移量；

P_i——本次观测时的读数；

Q_i——本次观测时的觇牌归零差；

Δ_{i-1}——上次位移变化量。

$$\Delta'_i=(P_i-Q_i)-\Delta_0 \tag{3-5}$$

式中 Δ'_i——本次累计位移量；

P_i——本次观测时的读数；

Q_i——本次观测时的觇牌归零差；

Δ_0——初始变化量。

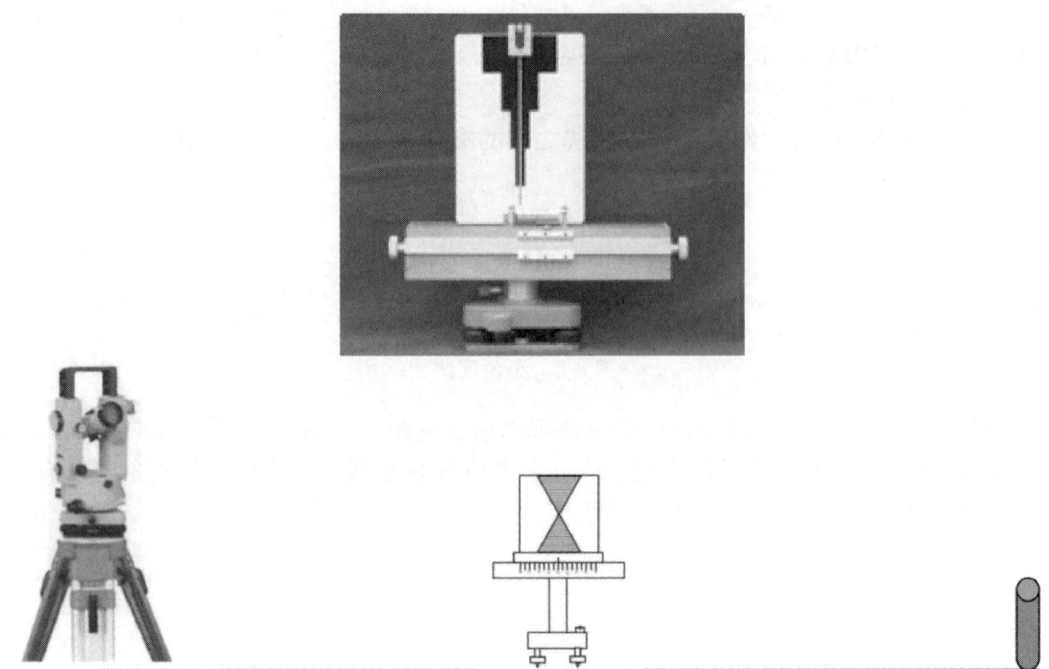

图 3-3 活动觇牌法

3. 单站改正法

测小角法虽然操作方便，计算简单，但有时基坑周围没有足够的空间布置视准线，而在基坑附近建立基准点，则由于基准点位移比较大，会引起观测结果出现较大的偏差。因此为保证测量精度，尽可能减少内、外业工作量，在此提出将测小角法改进并结合观测点设站法使用的方法。这种方法只需仪器一次设站加改正值就可完成数个位移观测点的位移量计算，解决了位移观测点无法设站的问题，故把这种方法称作单站改正法。测小角法中分段观测法可以视为简单的单站改正法。

如图 3-4 所示，A、B 两标志设在稳定的墙面上。每次监测时，先要测量 $\angle APB$ 的变化量，求得 P 点的横向位移量，再测量 $\angle APi$ 的变化量，从而求得观测点 i 的横向位移量。

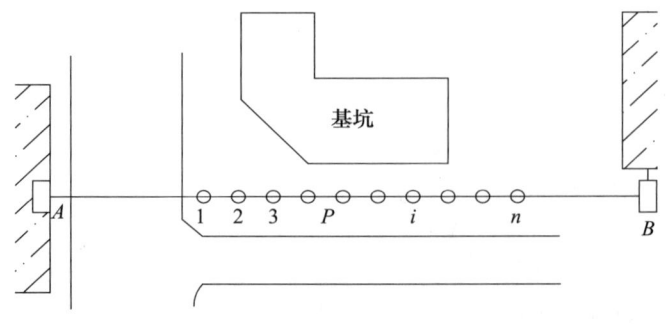

图 3-4 单站改正法

经过改正后，1、2、3、i 各点的位移量：

$$\begin{cases} \Delta_p = \dfrac{S_{P-A}S_{P-B}}{S_{P-A}+S_{P-B}} \dfrac{\Delta\beta_P}{\rho} \\ \Delta_1 = \dfrac{S_{P-1}}{\rho}\Delta\beta_1 + \left(1-\dfrac{S_{P-1}}{S_{P-A}}\right)\Delta_p \\ \Delta_2 = \dfrac{S_{P-2}}{\rho}\Delta\beta_2 + \left(1-\dfrac{S_{P-2}}{S_{P-A}}\right)\Delta_p \\ \quad\vdots \\ \Delta_i = \dfrac{S_{P-i}}{\rho}\Delta\beta_i + \left(1-\dfrac{S_{P-i}}{S_{P-A}}\right)\Delta_p \\ \Delta_n = \dfrac{S_{P-n}}{\rho}\Delta\beta_n + \left(1-\dfrac{S_{P-n}}{S_{P-A}}\right)\Delta_p \end{cases} \quad (3-6)$$

式中　S_{P-A}——测站点 P 至工作基点 A 的距离（m）；

S_{P-B}——测站点 P 至工作基点 B 的距离（m）；

S_{P-1}——测站点 P 至待测点 1 的距离（m）；

S_{P-2}——测站点 P 至待测点 2 的距离（m）；

S_{P-i}——测站点 P 至待测点 i 的距离（m）。

对于每一个施工区，在测站和位移点设定后，就可求得各点之间的大致距离，水平边长 S_i 的测量误差对 Δ_i 的影响甚微，可略去不计。同时，可以采用高精度的仪器（例如全站仪）多次观测边长，利用平差求得距离的最或然值，从而可事先算得各点系数，以后只要角度变化 $\Delta\beta=\beta_2-\beta_1$，即可算得位移量。其中：$\beta_1$ 为上次量测的角度；β_2 为本次量测的角度。水平位移的符号相对基坑而言：向内为正，向外为负。

令 $\dfrac{S_{P-A}S_{P-B}}{S_{P-A}+S_{P-B}} \times \dfrac{1}{\rho} = A$，则根据误差传播定律可得

$$m_{\Delta p}^2 = A^2 m_{\Delta\beta}^2 \quad (3-7)$$

令 $\dfrac{S_{P-1}}{\rho} = A_1$、$\left(1-\dfrac{S_{P-1}}{S_{P-A}}\right) = B_1$，则有

$$m_{\Delta 1}^2 = A_1^2 m_{\Delta\beta}^2 + B_1^2 m_{\Delta p}^2 \quad (3-8)$$

同理可得

$$m_{\Delta i}^2 = A_i^2 m_{\Delta\beta}^2 + B_i^2 m_{\Delta p}^2 \quad (3-9)$$

单站改正法是一种特殊的测小角法，由于这种方法可以在监测点处设站，所以相对测小角法而言，其观测范围扩大了一倍，在一定程度上解决了测小角法距离较短的问题。但由于每次都必须观测测站点角度的变化，对测站点进行矫正，增加了内、外业的工作量。另外，此方法必须在监测点上建立强制对中观测墩才能进行观测，一定程度上增加了布点难度。

4. 自由设站法

如图 3-5 所示，仪器可自由架设于位置 P，通过测定位于变形区影响范围之外至少两个固定已知目标，即测站 P 到两个已知点 $A(x_A, y_B)$、$B(x_A, y_B)$ 间的方向值 1、2 和距离值 S_1、S_2，即可计算测站的坐标 $P(x_P, y_P)$。

设 P 点的待定坐标值 (x_P, y_P) 为未知数，必要观测数为 2（未知数），实际观测数为 4（上述 2 个方向观测值，2 个距离观测值），多余观测数则为 2，需平差求出未知

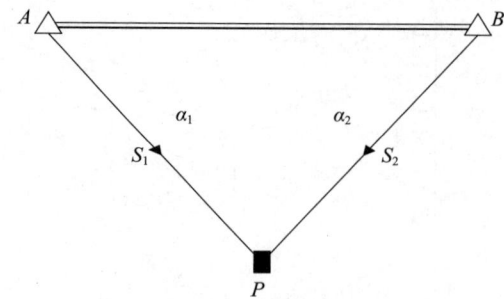

图 3-5 自由设站法

数 (x_P, y_P)。采用间接平差,4 个观测值的误差方程式分别为

$$\begin{cases} V_{S_1} = \cos\alpha_1^0 \delta_{x_P} + \sin\alpha_1^0 \delta_{y_P} + S_1^0 - S_1 \\ V_{S_2} = \cos\alpha_2^0 \delta_{x_P} + \sin\alpha_2^0 \delta_{y_P} + S_2^0 - S_2 \\ V_{\alpha_1} = \dfrac{\rho\sin\alpha_1^0}{S_1^0} \delta_{x_P} + \dfrac{\rho\cos\alpha_1^0}{S_1^0} \delta_{y_P} + \alpha_1^0 - \alpha_1 \\ V_{\alpha_2} = \dfrac{\rho\sin\alpha_2^0}{S_2^0} \delta_{x_P} + \dfrac{\rho\cos\alpha_2^0}{S_2^0} \delta_{y_P} + \alpha_2^0 - \alpha_2 \end{cases} \quad (3\text{-}10)$$

用矩阵形式表达为

$$V = AX - L \quad (3\text{-}11)$$

其中:

$$A = \begin{bmatrix} \cos\alpha_1^0 & \sin\alpha_1^0 \\ \cos\alpha_2^0 & \sin\alpha_2^0 \\ -\dfrac{\rho\sin\alpha_1^0}{S_1^0} & \dfrac{\rho\cos\alpha_1^0}{S_1^0} \\ -\dfrac{\rho\sin\alpha_2^0}{S_2^0} & \dfrac{\rho\sin\alpha_2^0}{S_2^0} \end{bmatrix} \quad (3\text{-}12)$$

$$L^T = [S_1 - S_1^0 \quad S_2 - S_2^0 \quad \alpha_1 - \alpha_1^0 \quad \alpha_2 - \alpha_2^0] \quad (3\text{-}13)$$

式 (3-10)~式(3-13) 中 α_1^0、α_2^0 分别为 A、B 点到 P 点的坐标方位角近似值;S_1、S_2 及 S_1^0、S_2^0 分别为 A、B 点到 P 点的距离观测值及其近似值;δ_{x_P}、δ_{y_P} 分别为 x_P、y_P 的改正数。设方向观测值中误差为 m_0,距离观测值中误差为

$$m_S = \pm(a + bS) \quad (3\text{-}14)$$

式中 a——测距固定误差;

b——测距比例误差;

S——距离。

取方向观测值的权为 1,距离观测值的权为

$$P_S = \pm(m_0^2 + m_S^2) \quad (3\text{-}15)$$

利用最小二乘平差,得

$$X = (A^T P A)^{-1} A^T P L = Q A^T P L \quad (3\text{-}16)$$

令

$$Q_{XX} = (A^T P A)^{-1} = \begin{bmatrix} Q_{11} & Q_{12} \\ Q_{21} & Q_{22} \end{bmatrix} \quad (3\text{-}17)$$

式中　Q_{xx}——坐标改正数协因数阵；
　　　P——权阵。

自由设站点点位中误差为

$$m_P = \pm \sqrt{m_x^2 + m_y^2} \tag{3-18}$$

其中

$$m_x = \pm m_0 \sqrt{Q_{11}} \; ; \; m_y = \pm m_0 \sqrt{Q_{22}} \tag{3-19}$$

全站仪自由设站法可灵活、方便地在基坑边任意地方设置临时测站，且其坐标可用后方交会方式快速获得，再从临时测站点用坐标法测定各监测点的水平位置值，可大幅提高测量效率；此外，不设置固定点可节省建造强制观测墩的费用，且不用担心固定测站点因被破坏而使得测量工作不连续。但全站仪自由设站后再用坐标法测定点的水平位置，其精度较难控制。对实际工程，在施测前务必进行精度估算，确定使用何种精度的全站仪、测几测回等。实际监测中严格按照要求实施方能确保监测精度。

5. 极坐标法

极坐标法是利用数学中的极坐标原理，以两个已知点为坐标轴，以其中一个点为极点建立极坐标系，测定观测点到极点的距离，以及观测点与极点连线和两个已知点连线的夹角，从而计算观测点坐标的方法，其示意图如图 3-6 所示。测定待求点 C 坐标时，先计算已知点 A、B 的方位角，即

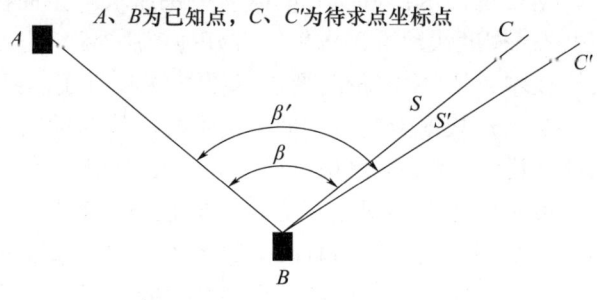

图 3-6　极坐标法

$$\alpha_{BA} = \arctan[(Y_A - Y_B)/(X_A - X_B)] 180°/\pi \tag{3-20}$$

测定角度 β 和边长 BC，则 BC 的方位角为

$$\alpha_{BC} = \alpha_{BA} + \beta \tag{3-21}$$

C 点的坐标为

$$X_C = X_B + S\cos\alpha_{BC} \tag{3-22}$$

$$Y_C = Y_B + S\sin\alpha_{BC} \tag{3-23}$$

极坐标法设站灵活，只要一个已知点的坐标和一个后视方向就可以在该点上设站、测量，因此极坐标法可以有效地避开遮挡，顺利地采集监测数据。另外，极坐标可以一次测定多个方向的监测点，使得工作效率大大提高。以前由于极坐标法对仪器精度的要求较高，使其应用受到限制，使用较少；随着高精度仪器的普及，该方法得到越来越多的使用。

6. GPS 变形监测

GPS 空间定位技术是现代测量技术发展过程中的一个重要里程碑，与常规光学和电子测量仪器相比，它表现出不可比拟的优越性，尤其是进入 20 世纪 90 年代以来，该技术与现代通信技术的有机结合，推动了空间定位技术的巨大飞跃。GPS 作为一种全新的变形监测手段，克服了传统测量方法的固有缺陷，可以连续、实时地反映结构在强风、地震、温度变化以及不均匀沉降等各种环境荷载下的位移变化情况，这些数据对于鉴定结构的工作状态可以提供可靠的依据，GPS 技术必将越来越广泛地应用于工程变形监测中。

GPS 变形监测的模式通常分为周期性、连续性和实时动态三种。GPS 实时动态（RTK）测量技术是以载波相位观测量为依据的实时差分 GPS 测量技术，能够实时地获得测站点在指定坐标系中的三维定位结果，能达到厘米级精度。RTK 系统主要由一个参考站（基准站）、若干个流动站、数据通信系统三大部分组成。在 RTK 作业模式下，基准站通过数据链将其观测值和测站坐标信息一起传送到流动站。流动站不仅通过数据链接收来自基准站的数据，还要采集 GPS 观测数据，并在系统内组成差分观测值进行实时处理，同时给出厘米级定位结果，用时不到 1s。流动站可处于静止状态，也可处于运动状态，完成周模糊度的搜索求解。在整周未知数解固定后，即可进行每个历元的实时处理，只要能保持 4 颗以上卫星相位观测值的跟踪和必要的几何图形，并保证良好的测量环境，流动站就可随时给出厘米级定位结果。RTK 技术的关键在于数据处理技术和数据传输技术。①数据处理技术：目前采用运动中快速求解整周模糊度的算法 OTF，已能在 1min 内实现整周模糊度快速准确求解，较好地解决 GPS 信号失锁状态下快速重新初始化。②数据传输技术：RTK 定位时要求基准站接收机实时地把观测数据（伪距观测值，相位观测值）及已知数据传输给流动站接收机，数据量比较大。

对于基坑变形监测来说，RTK 测量精度较差，故一般很难直接用于监测，基坑变形速率相对较为缓慢，可采用静态相对定位方法实施监测。利用两台以上的 GPS 接收机同步观测一段时间，其观测时段长度和时段个数可依据监测精度的要求而定，每一个周期测量监测点之间的相对位置，通过计算两个周期之间相对位置的变化来测定变形。

7. 测斜仪测量

围护墙体或基坑周围土体的深层水平位移的监测宜采用在墙体或土体中预埋测斜管的方法，通过测斜仪观测各深度处水平位移，其可以反映支护结构的位移变化。测斜仪应下入测斜管底 5~10min，待探头接近管内温度后再量测，每个监测方向均应进行正、反两次量测。在基坑开挖之前，将有四个相互垂直导槽的测斜管埋入支护墙体结构或被支护的土体中。测量时，将活动式探头放入测斜管，使探头上的导向滚轮卡在测斜管内壁的导槽中，沿槽滚动，正、反测量后即可测定并计算出沿测斜管整个深度的各监测点的水平位移变化。测斜仪和测斜管如图 3-7、图 3-8 所示。

测斜管的安装或埋设：测斜管可安装在地下连续墙或支护桩钢筋笼等支护结构上，也可将测斜管埋入被支护基坑边坡土体中。当测斜管安装并绑扎固定在地下连续墙或支护桩的钢筋笼上时，随钢筋笼浇筑在混凝土中，浇筑混凝土之前应在测斜管内注满清水，防止测斜管因浮力在浇筑混凝土时浮起，同时应事先用胶带在管与管接头处缠绕密

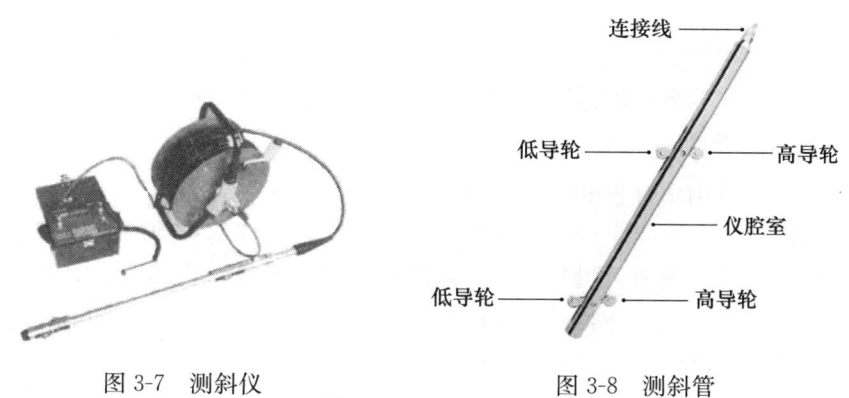

图 3-7　测斜仪　　　　　图 3-8　测斜管

封,以防止水泥浆渗入管内。当测斜管埋入被支护基坑边坡土体中时,在被支护土体内钻孔,然后将测斜管逐节组装并放入钻孔内,测斜管底部装有底盖,也应该用胶带在管与管接头处缠绕密封以防止钻孔泥浆渗入管内,管内注满清水,下入钻孔内预定深度。当测斜管埋入被支护基坑边坡土体中,测斜管下入钻孔内预定深度时,一般会在管周围形成空洞,需要进行测斜管外围的填充(一般以米石作为填充料,也可以采用向测斜管与孔壁之间的间隙由下而上逐段灌浆或用灰浆砂子填实),测斜管外围的填充是为了保证测斜管与周围岩土地层保持良好接触,当地层发生横向位移时,测斜管应当发生同样的横向位移,如果填充不密实,会造成测试不准或数据重复,产生抖动。测斜管固定完毕后,用清水将测斜管内冲洗干净,将探头模型(探孔器)放入测斜管内,沿导槽上下滑行一遍,以检查导槽是否畅通无阻、滚轮是否有滑出导槽的现象。由于测斜仪的探头价格相对比较高,在未确认测斜管导槽畅通时,不能放入探头。如果探头没有遇到阻碍,可缓慢将探头放入,如遇阻碍,立即拔出探头,对该测管进行必要处理或废弃后重新安装。安装完毕后,要量测测斜管导槽方位、管口坐标及高程,及时装好孔口保护装置,做好记录。

3.4.2　竖向位移监测方法

竖向位移监测包括围护墙(边坡)顶部、立柱、周边地表、建筑、管线、道路的竖向位移监测。竖向位移监测宜采用几何水准测量,也可采用三角高程测量或静力水准测量等方法。

竖向位移监测宜采用国家高程基准或工程所在城市使用的高程基准,也可采用独立的高程基准。监测网应布设成闭合环或附合线路,且宜一次布设。竖向位移基准点、工作基点的布设和测量应符合下列规定:

(1) 基准点的数量不应少于 3 个,基准点之间应形成闭合环;基准点标志的形式和埋设应符合现行行业标准《建筑变形测量规范》(JGJ 8) 的有关规定;在冻土地区,基准点标石应埋设在当地冻土线以下 0.5m,在基岩壁或稳固的建筑上可埋设墙上水准标志。

(2) 密集建筑区内,基准点与待测建筑的距离应大于该建筑基础最大深度的 2 倍。基准点可选择在沉降影响区以外稳定的建筑物结构上。

(3) 可根据作业需要设置工作基点,工作基点与基准点之间应便于联测。

（4）采用监测标监测土体深部垂直位移时，传递高程的金属杆或钢尺等应进行温度、尺长和拉力等项改正。

（5）采用液体静力水准测量时，技术要求与几何水准测量精度相同。

1. 几何水准测量

几何水准测量是用水准仪和水准尺测定地面上两点间高差的方法。在地面两点间安置水准仪，观测竖立在两点上的水准标尺，按尺上读数推算两点间的高差。通常由水准原点或任一已知高程点出发，沿选定的水准路线逐站测定各点的高程。由于不同高程的水准面不平行，沿不同路线测得的两点间高差将有差异，所以在整理国家水准测量成果时，须按所采用的正常高系统加以必要的改正，以求得正确的高程。我国国家水准测量依精度不同分为一、二、三、四等。一、二等水准测量称为"精密水准测量"，是国家高程控制的全面基础，可为研究地壳形变等提供数据。三、四等水准测量直接为地形测图和各种工程建设提供所必需的高程控制。基坑竖向位移监测时，可使用电子水准仪进行前后不等视距的精密水准测量方法，通过改正，成果质量能满足监测精度要求，大大提高水准测量的外业工作效率和数据质量。根据水准仪所主要使用的技术，可分为微倾水准仪、自动安平水准仪、激光水准仪、数字水准仪。图 3-9 为两种典型的水准仪。

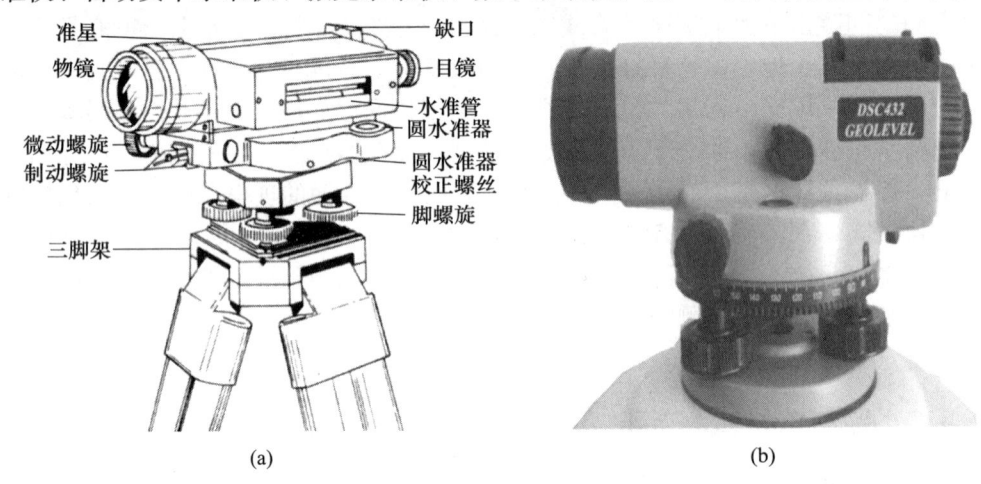

图 3-9 水准仪
(a) 示意图；(b) 实物图

2. 三角高程测量

目前，在基坑监测的垂直位移监测中，一般采用水准测量。当受地形条件的影响和监测网本身的需要，如边坡较窄，水准作业会变得十分困难和危险，且监测点之间的高差较大，需要架设站数较多，这不仅花费的经费、时间较多，部分监测点的观测条件也难以满足规范要求。此时，可以用三角高程测量的方法代替水准测量。其方法简单易行，测量速度较传统方法快得多，采用三角高程测量高程，操作灵活、实用，而且其不受地形条件的限制，能明显提高外业的作业效率，节省测量的时间并降低劳动强度。三角高程测量可以大大提高工作效率，并且三角高程测量在测量方法和测量精度上比水准测量具有明显的优势。采用三角高程测量法，仪器只需架在高程点和待测点的观测墩上，操作灵活。三角高程测量在一定的条件和范围内，精度能达到要求，在基坑监测的竖直变形中完全可以代替水准测量。

三角高程测量是指通过观测两个控制点的水平距离和天顶距（或高度角）求定两点间高差的方法。其观测方法简单，受地形条件限制小，是测定高程的基本方法。具体测量步骤如下：（1）在测站上安置仪器（经纬仪或全站仪），量取仪高，紧接着在目标点上安置觇标（标杆或棱镜），量取觇标高；（2）采用经纬仪或全站仪用测回法观测竖直角口，取平均值为最后计算取值；（3）采用全站仪或测距仪测量两点之间的水平距离或斜距；（4）采用对向观测，即仪器与目标杆位置互换，按前述步骤进行观测；（5）应用推导出的公式计算出高差及由已知点高程计算未知点高程。图 3-10 为三角高程测量常用到的经纬仪或全站仪。

 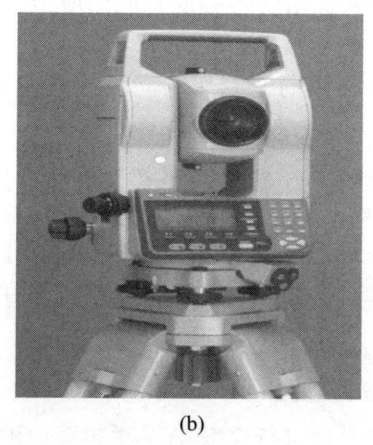

(a) (b)

图 3-10 三角高程测量所用的仪器
(a) 经纬仪；(b) 全站仪

为提高三角测量精度，在实际操作过程中应该注意以下几点：

(1) 测量的前后视线应尽量采用同样的棱镜高度；
(2) 选择工作基点时，高程尽量选择在与监测点平均高程持平的位置；
(3) 可适当地调节棱镜高度或仪器的位置，使竖直角变小，减小三角高程误差。

3. 静力水准测量

静力水准仪是一种高精密液位测量系统，适用于测量多点的相对沉降。在使用中，多个静力水准仪的容器用通液管连接，每一容器的液位由相关传感器测出，进而可测出各测点的液位变化量。静力水准系统具有观测方便、安装简单、精度高、数据采集实时化等优点。图 3-11 为静力水准仪。

图 3-11 静力水准仪

在实际测量中，由于受气压、温度、施工振动等因素的影响，静力水准系统不同连通器液体密度会发生变化进而导致系统精度大大降低。为提高静力水准测量的精度，在实际操作过程中应该注意以下几点：

(1) 使用密封的气管连接，完全排除通液管内的空气并清除气泡，能大大减弱压力差异的影响。

（2）静力水准系统使用时，尽量保持各管路处于同一环境里，选择一天内温度变化缓慢时采集的数据，能大大减弱温度差异的影响。

（3）当静力水准系统附近受到外界振动持续影响时，通过不间断采集数据，运用中心轴拟合方法得到的数据精度较高。

3.4.3 内力监测方法

基坑开挖过程中结构内力变化可通过在结构内部或表面安装应变计或应力计进行量测。支护结构内力监测适用于围护墙内力、支撑轴力、立柱内力、围檩或腰梁内力监测等，宜采用安装在结构内部或表面的应力、应变传感器进行量测。

应根据监测对象的结构形式、施工方法选择相应类型的传感器。混凝土支撑、围护桩（墙）宜在钢筋笼制作的同时，在主筋上安装钢筋应力计；钢支撑宜采用轴力计或表面应力计；钢立柱、钢围檩（腰梁）宜采用表面应变计。内力监测传感器埋设前应进行标定和编号，导线应做好标记，并设置导线防护措施。内力监测宜取土方开挖前连续3d获得的稳定测试数据的平均值作为初始值。应力计或应变计的量程不宜小于设计值的1.5倍，精度不宜低于0.5%F·S（F·S指传感器的指标相对于传感器的满量程误差的百分数），分辨率不宜低于0.2%F·S。内力监测值宜考虑温度变化等因素的影响。

1. 钢筋应力监测

用钢筋应力计进行混凝土支撑和围护桩（墙）内力监测是防止基坑支护结构发生强度破坏的一种较为可靠的监控措施。将钢筋应力计安装在被测主筋上，有碰焊法和绑焊法两种安装方法。用碰焊法时，可用连接杆与钢筋先碰接，然后与钢筋应力计连接，连接后再制作钢筋笼；用绑焊法时，用两根25~35cm的钢筋，等距离夹在连接杆与主筋接头处两旁，单面满焊即可。如用单根25~35cm的钢筋，则应双面满焊，且先连接钢筋计后，再制作钢筋笼。安装时，应注意尽可能使钢筋应力计处于不受力的状态，尤其不应使钢筋应力计处于受弯状态。上述安装完成后，将钢筋应力计上的导线逐段捆扎在邻近的钢筋上，引到地面的测试匣中。支护结构浇筑混凝土后，用万用表检查钢筋应力计电路电阻值和绝缘情况，做好引出线和测试匣的保护措施。图3-12为钢筋应力监测主要设备。

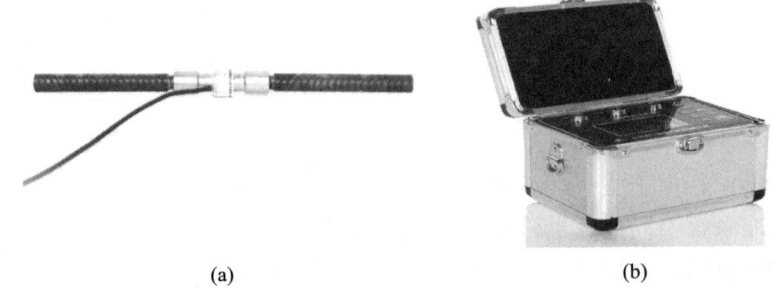

图 3-12 钢筋应力监测主要设备
（a）钢筋应力计；（b）采集仪

钢筋计的监测应力按式（3-24）、式（3-25）计算。
钢弦式：

$$\sigma_i = K_{1i}\sqrt{f_i^2 - f_0^2} \tag{3-24}$$

电阻应变片式：

$$\sigma_i = K_{2i}\sqrt{\varepsilon_i^2 - \varepsilon_0^2} \tag{3-25}$$

式中 σ_i——第 i 个钢筋计的监测应力（N/mm²）；

K_{1i}——钢弦式钢筋计的标定系数 [N/（Hz·mm²）]；

K_{2i}——电阻应变片式钢筋计的标定系数（N/mm³）；

f_0——钢筋计埋设后的初始自振频率（Hz）；

f_i——钢筋计的监测自振频率（Hz）；

ε_0——钢筋计埋设后的初始应变值（mm）；

ε_i——钢筋计的监测应变值（mm）。

2. 混凝土应变监测

混凝土应变计主要有埋入式和表面式两种类型。埋入式应变计在支护结构混凝土浇筑时埋设，应保证其有一定厚度的混凝土保护层，应变计应与支护结构的轴线平行。为避免混凝土振捣时应变计转向和位移，一般可在埋设断面附近的工段混凝土振捣完毕后，及时进行手工埋设。表面式应变计主要设置在混凝土结构的表面，用于量测混凝土的表面应变。当结构施工时未及时安装或新增监测断面时，可在设计的监测断面上设置预埋件，待基坑开挖前进行安装。未设置预埋件的，可用冲击钻及时安装基座，再布设应变计。由于表面式应变计完全暴露在外，极易受到损坏，因此，在设置表面式应变计的部位应有醒目的标志，并采取一定的保护措施，当机械在附近施工时，应安排专人在现场维护。对于无特殊要求的基坑工程，一般应选用埋入式应变计。图 3-13 为混凝土应变监测主要设备。

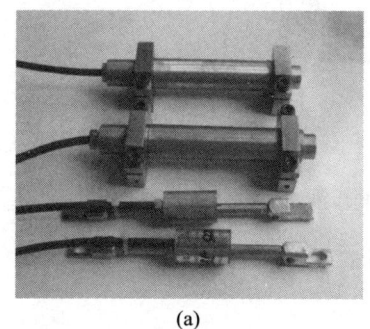
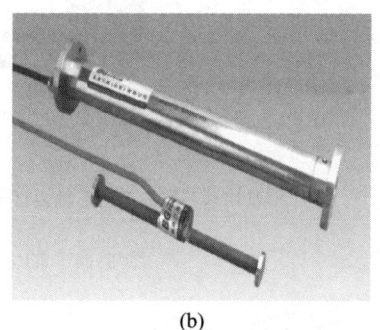

(a) (b)

图 3-13 混凝土应变监测主要设备
(a) 表面式应变计；(b) 埋入式应变计

应变计的应变计算按式（3-26）：

$$\varepsilon_i = k_i\sqrt{f_i^2 - f_0^2} \tag{3-26}$$

式中 ε_i——第 i 个应变计的监测应变（mm）；

k_i——第 i 个应变计的标定系数（mm/Hz）；

f_0——应变计埋设后的初始自振频率（Hz）；

f_i——应变计的监测自振频率（Hz）。

3. 轴力计

轴力计在安装前，要进行各项技术指标及标定系数的检验。

轴力计有一套安装配件——轴力计安装架。安装架圆形钢筒上没有开槽的一端面与支撑的牛腿（活络头）上的钢板电焊焊接牢固，电焊时必须将钢支撑中心轴线与安装中心点对齐，安装过程中注意轴力计和钢支撑在一条直线上，各个接触面平整，确保钢支撑的受力状态通过轴力计正常传递到支护结构上；焊接待冷却后，把轴力计推入焊好的安装架圆形钢筒内并用圆形钢筒上的 4 个 M10 螺丝把轴力计牢固地固定在安装架内，以便在支撑吊装时，不会使轴力计滑落下来。

测量一下轴力计的初频是否与出厂时的初频相符合，然后把轴力计的电缆妥善地绑在安装架的两翅膀内侧，使钢支撑在吊装过程中不会损伤电缆；钢支撑吊装到位即安装架的另一端（空缺的那一端）与围护墙体上的钢板对上，轴力计与墙体钢板间最好再增加一块钢板 250mm×250mm×25mm，防止钢支撑受力后轴力计陷入墙体内，造成测值不准等情况发生；在施加钢支撑预应力前，把轴力计的电缆引至方便正常测量时为止，并进行轴力计的初始频率的测量，必须记录在案；施加钢支撑预应力达设计标准后即可开始正常测量。

轴力计安装示意图如图 3-14 所示。

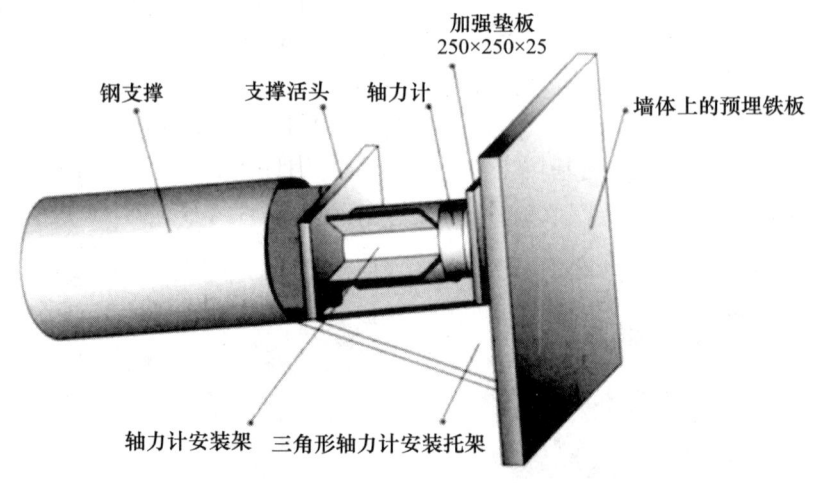

图 3-14 轴力计安装示意图

3.4.4 含水率监测方法

目前基坑壁含水率的监测可通过两种办法进行：一种方法是采用洛阳铲在基坑壁掏孔取土，通过烘干试验测定土的含水率，如图 3-15 所示。这种方法由于对基坑壁土体整体性造成一定影响，加之基坑壁面一般会进行挂网喷浆处理，后期取土难度较大，因此该方法在工程中运用较少。另一种方法是在基坑壁外侧等间距布设湿度传感器，通过监测土体湿度的变化来判定土中含水率情况。对于一级基坑，坑壁土体含水率变化监测为必测项目，二级基坑为宜测项，三级基坑可不测。

图 3-15 烘干法
(a) 洛阳铲取土；(b) 烘干量测

3.4.5 地下水位监测方法

通过基坑内、外地下水位的变化，了解基坑围护结构止水效果以及基坑内降水效果，可间接了解地表土体沉降。

地下水位监测宜采用钻孔内设置水位管或设置观测井，通过水位计进行量测。地下水位量测精度不宜低于 10mm。潜水水位管直径不宜小于 50mm，饱和软土等渗透性小的土层水位管直径不宜小于 70mm，滤管长度应满足量测要求。承压水位监测时被测含水层与其他含水层之间应采取有效的隔水措施。水位管宜在基坑预降水前至少 1 周埋设，并逐日连续观测水位取得稳定初始值。

水位孔一般用小型钻机成孔，孔径应略大于水位管的直径。水位管选用直径 50mm 左右的钢管或硬质塑料管，管底加盖密封，防止泥砂进入。下部留出长度为 0.5～1.0m 的沉淀段，其上部钻孔，用来沉积滤水段带入的少量泥砂。中部管壁周围钻出 6～8 列直径为 6mm 左右的滤水孔，纵向孔距 50～100mm。相邻两列的孔交错排列，呈梅花状布置。管壁外部包扎过滤层，过滤层可选用马尾、土工织物或网纱，上部留出 0.5～1.0m 作为管口段，不打孔以保证封口质量。

对于地下水位监测一般是在基坑降水井中进行，如果基坑没有进行降水，则在基坑周边预先钻孔，钻孔点选取时应注意避开地下管线，监测可采用钢尺或钢尺水位计。钢尺水位计的工作原理是在已埋设好的水位管中放置水位计测头，当水位计触碰到水位时，启动汛响器，此时读取测量钢尺与管顶的距离，根据管顶高程计算地下水位高程。水位监测点的布设一般根据基坑降水方式确定，当采用深井井点降水时，水位监测点宜布置在基坑中央或者两个相邻降水井的中间部位；若采用轻型井点降水，水位监测点宜布置在基坑中央和拐角处。需要注意的是，当基坑周边相邻建筑物有重要管线或者管线密集时，在相应位置应布置监测点。地下水位监测精度不宜低于 10mm。

地下水位监测注意事项：

（1）地下水位的变化除受地下工程施工影响外，还受自然气候等因素的影响。为了排除非工程因素的干扰，可在工程施工影响范围之外再布置 1～2 个水位孔，以便进行对比分析。

（2）在监测一段时间后，应对水位孔逐个进行抽水或灌水试验，检查其恢复至原水位所需的时间，以判断其工作的可靠性。

（3）水位管的管口应高出地表，并加盖保护，以防止雨水和杂物进入管内，同时监测的水位管处应有醒目的标志，防止损坏监测孔。

3.4.6 巡视检查

变形监测除用先进的仪器设备测量监测点的变形量外，还应配合巡视检查工作，可早期发现基坑不稳定因素。巡视检查主要依靠人的感觉器官（手、眼、鼻），对基坑及周围环境进行检查。巡视检查人员应由具高度责任感和丰富的监测经验的人员承担，并有一定分析能力。巡视检查的内容包括支护结构、施工工况、周边环境和监测设施。

巡视检查的基本要求：

（1）应重点检查支撑差异沉降或支撑受力较大地段、基坑渗水流砂地段、周围地表土体沉降段、周围房屋沉降段、管线变形报警地段、周边裂缝观察等；

（2）巡视检查应做记录归档；

（3）裂缝观察的内容主要指观察裂缝的长度、宽度。其观察方法除了使用裂缝计及仪器观察外，还可使用沿裂缝嵌入石膏粉、裂缝拓片对比、使用厘米（或毫米）量板、对裂缝定期照相等方法。

3.5 湿陷性黄土地区基坑变形监测数据可靠性分析研究

3.5.1 t 方法

设变形观测网中变形点两期得到的坐标平差值为 X_I、X_{II}，中误差为 $U\sqrt{Q_{II}}$ 和 $U\sqrt{Q_{IV}}$。式中的单位权中误差由下式计算：

$$u^2=\frac{(n-r)_1 u_1^2+(n-r)_2 u_2^2}{(n-r)_1+(n-r)_2} \tag{3-27}$$

式中　n——样本容量；

　　　r——样本相对误差。

由数理统计理论可知 X_I、X_{II} 均为观测值的线性函数，它们均为正态随机变量，设它们的数学期望分别为 ξ_I 和 ξ_{II}，两期测量精度要求相同，即母体单位权方差必须相同，均为 $\bar{u}_2$，故 X_I 为 $N(\xi_I, \bar{u}\sqrt{Q_{II}})$ 变量。X_{II} 为 $N(\xi_I, \bar{u}\sqrt{Q_{IV}})$。由此，差数 $\Delta X=X_{II}-X_I$ 也是正态变量。其数学期望和方差分别为：

$$\xi_{\Delta X}=\xi_{II}-\xi_I \tag{3-28}$$

$$D(\Delta X)=\bar{u}_2(Q_{II}+Q_{IV}) \tag{3-29}$$

即 ΔX 为变量 $N(\xi_{II}-\xi_I, \bar{u}\sqrt{Q_{II}+Q_{IV}})$。

做 ΔX 的标准化标量，它为标准正态变量：

$$\frac{\Delta x-(\xi_{II}-\xi_I)}{\bar{u}\sqrt{Q_{II}+Q_{IV}}}=N(0,1) \tag{3-30}$$

根据两期平差结果，可做出如下 X^2 变量：

$$X_{(f)}^2=\frac{(n-r)_1 u_1^2+(n-r)_2 u_2^2}{\bar{u}_2} \tag{3-31}$$

自由度 $f=(n-r)_1+(n-r)_2$，为两期变形网中多余观测数之和，以上变量 $X_{(f)}^2$ 与 $N(0,1)$ 互为独立，按变量的定义有：

$$t=\frac{\Delta x-(\xi_{\mathrm{II}}-\xi_{\mathrm{I}})}{u^2\sqrt{Q_{\mathrm{II}}+Q_{\mathrm{IV}}}} \Big/ \frac{(n-r)_1 u_1^2+(n-r)_2 u_2^2}{u^2[(n-r)_1+(n-r)_2]} = \frac{\Delta x-(\xi_{\mathrm{II}}-\xi_{\mathrm{I}})}{u\sqrt{Q_{\mathrm{II}}+Q_{\mathrm{IV}}}} \quad (3-32)$$

式中，u 由式（3-27）计算，t 变量自由度为 $(n-r)_1+(n-r)_2$。

(1) 有了 t 这个变量就可以对坐标值 Δx 进行位移显著性检验，其步骤为 H_0：$\xi_{\Delta x}=\xi_{\mathrm{II}}-\xi_{\mathrm{I}}=0$，$H_1$：$\xi_{\Delta x}\neq 0$。

(2) 做统计量 t，当原假设 H_0 成立，式（3-33）应为

$$t=\frac{\Delta x}{u\sqrt{Q_{\mathrm{II}}+Q_{\mathrm{IV}}}}=\frac{\Delta x}{m_{\Delta x}} \quad (3-33)$$

(3) 选定显著水平 a，查 t 分布表得 $t_{a/2}$，如果 $|t|>t_{a/2}$ 则拒绝 H_0，位移显著可信，否则接受 H_0，认为位移不显著。

3.5.2 变形误差椭圆法

在变形分析中，位移量显著性检验还常用变形误差椭圆法。变形误差椭圆与相对误差椭圆的概念类似，前者是指同一点的两期坐标差的误差椭圆，后者是同一期网内两点坐标差的误差椭圆，推导公式的方法类同。

第一期平差时，网中任一点的协因数阵为

$$Q_{\mathrm{I}}=\begin{Bmatrix} Q_{xx}^{\mathrm{I}} & Q_{xy}^{\mathrm{I}} \\ Q_{xy}^{\mathrm{I}} & Q_{yy}^{\mathrm{I}} \end{Bmatrix} \quad (3-34)$$

第二期平差，该点的协因数阵为

$$Q_{\mathrm{II}}=\begin{Bmatrix} Q_{xx}^{\mathrm{II}} & Q_{xy}^{\mathrm{II}} \\ Q_{xy}^{\mathrm{II}} & Q_{yy}^{\mathrm{II}} \end{Bmatrix} \quad (3-35)$$

两期的点位坐标差为

$$\Delta_{x\mathrm{III}}=\begin{pmatrix} \Delta_x \\ \Delta_y \end{pmatrix}=\begin{pmatrix} x_{\mathrm{II}} \\ y_{\mathrm{II}} \end{pmatrix}-\begin{pmatrix} x_{\mathrm{I}} \\ y_{\mathrm{I}} \end{pmatrix} \quad (3-36)$$

其协因数为

$$Q_{\Delta x\mathrm{III}}=Q_{\mathrm{I}}+Q_{\mathrm{II}} \quad (3-37)$$

其中

$$\left. \begin{aligned} Q_{\Delta x\Delta x} &= Q_{xx}^{\mathrm{I}}+Q_{xx}^{\mathrm{II}} \\ Q_{\Delta y\Delta y} &= Q_{yy}^{\mathrm{I}}+Q_{yy}^{\mathrm{II}} \\ Q_{\Delta x\Delta y} &= Q_{xy}^{\mathrm{I}}+Q_{xy}^{\mathrm{II}} \end{aligned} \right\} \quad (3-38)$$

与相对误差椭圆类似推导，得

$$\left. \begin{aligned} \lambda'_1 &= \frac{1}{2}(Q_{\Delta x\Delta x}+Q_{\Delta y\Delta y}+K') \\ \lambda'_2 &= \frac{1}{2}(Q_{\Delta x\Delta x}+Q_{\Delta y\Delta y}-K') \\ K' &= \sqrt{(Q_{\Delta x\Delta x}-Q_{\Delta y\Delta y})^2+4Q_{\Delta x\Delta y}^2} \\ \tan\varphi'_1 &= \frac{\lambda'_1-Q_{\Delta x\Delta x}}{Q_{\Delta x\Delta y}}=\frac{Q_{\Delta x\Delta y}}{\lambda'_1-Q_{\Delta y\Delta y}} \\ \tan 2\varphi'_1 &= \frac{2Q_{\Delta x\Delta y}}{Q_{\Delta x\Delta x}-Q_{\Delta y\Delta y}} \end{aligned} \right\} \quad (3-39)$$

由 $\bar{u}\sqrt{\lambda'_1}$、$\bar{u}\sqrt{\lambda'_2}$ 和 φ_1 构成变形误差椭圆。

特别地，当两期的网形完全相同，则

$$Q_{\Delta x \mathbb{I}} = 2Q_{\mathrm{I}} \tag{3-40}$$

则相应地，式（3-41）为

$$\left.\begin{array}{l} Q_{\Delta x \Delta x} = 2Q_{xx}^{\mathrm{I}} \\ Q_{\Delta y \Delta y} = 2Q_{yy}^{\mathrm{I}} \\ Q_{\Delta x \Delta y} = 2Q_{xy}^{\mathrm{I}} \end{array}\right\} \tag{3-41}$$

代入式（3-39）得

$$\left.\begin{array}{l} K' = 2\sqrt{(Q_{xx}^{\mathrm{I}} - Q_{yy}^{\mathrm{I}})^2 + 4Q_{xy}^{\mathrm{I}2}} = 2K \\ \lambda'_1 = Q_{xx}^{\mathrm{I}} + Q_{yy}^{\mathrm{I}} + K = 2\lambda_1 \\ \lambda''_2 = Q_{xx}^{\mathrm{I}} + Q_{yy}^{\mathrm{I}} - K = 2\lambda_2 \\ \tan\varphi'_1 = \dfrac{\lambda'_1 - Q_{xx}^{\mathrm{I}}}{Q_{xy}^{\mathrm{I}}} = \dfrac{Q_{xy}^{\mathrm{I}}}{\lambda_1 - Q_{yy}^{\mathrm{I}}} \\ \tan 2\varphi'_1 = \dfrac{2Q_{xy}^{\mathrm{I}}}{Q_{xx}^{\mathrm{I}} - Q_{yy}^{\mathrm{I}}} \end{array}\right\} \tag{3-42}$$

式（3-42）中 K、λ_1、λ_2 的表示第一期该点点位误差椭圆的元素。变形误差椭圆由主轴长短半径 $\bar{u}\sqrt{\lambda'_1}$、$\bar{u}\sqrt{\lambda'_2}$ 和 φ_1 主轴方向构成。它与第一期（第二期相同）的该点点位误差椭圆的关系是：

（1）变形误差椭圆长短半轴的长度为该点点位误差椭圆的 10 倍。

（2）主轴方向两个误差椭圆完全一致。

变形误差椭圆法，就是在每一点上绘制变形误差椭圆，和取 k 倍中误差为极限的极限变形误差椭圆，根据该点位移向量的分布，是否落在这些圆之内，从而判断位移是否显著。

3.5.3　F 检验法

两期变形点的坐标差为

$$\Delta X = X_{\mathrm{II}} - X_{\mathrm{I}} \tag{3-43}$$

根据产生坐标差可能平均情况来判断有两种原因：一种完全是测量误差的干扰，另一种是位移量显著。如果从平均情况来判断，就可做如下的坐标差均方值：

$$u_{\mathrm{d}}^2 = \dfrac{\Delta X^{\mathrm{T}} P_{\Delta X} \Delta X}{f} \tag{3-44}$$

其中 f 为 ΔX 中互相独立的变量数，它等于误差方程系数阵的秩（指一期的）。$P_{\Delta X}$ 为 ΔX 的权阵。

当变形观测网进行伪逆平差时：

$$Q_{\Delta x \Delta x} = Q_{X_{\mathrm{II}} X_{\mathrm{II}}} + Q_{X_{\mathrm{I}} X_{\mathrm{I}}} \tag{3-45}$$

网形完全相同。

$$Q_{\Delta x \Delta x} = 2Q_{X_{\mathrm{I}} X_{\mathrm{I}}} \tag{3-46}$$

$Q_{\Delta x \Delta x}$ 为奇异阵，权阵取其伪逆，即

$$P_{\Delta X} = Q_{\Delta x \Delta x}^{-} \tag{3-47}$$

由式（3-43）确定的 u_d^2 反映了各点位移量带权的平方平均大小。如果 ΔX 中不包含变形信息，或者与偶然误差比较变形信息不显著。此时 ΔX 可看成是误差向量，按方差定义可知，u_d^2 为单位权方差的无偏估计，这是在没有发生点位移动情况下的结果。

两期单位权方差是：

$$u^2 = \frac{(n-r)_1 u_1^2 + (n-r)_2 u_2^2}{(n-r)_1 + (n-r)_2} = \frac{(V^T PV)_1 + (V^T PV)_2}{(n-r)_1 + (n-r)_2} \tag{3-48}$$

u_d^2 也是单位权方差的无偏估计。

如果 ΔX 中不包含变形信息这一假设为真，单位权方差的两个子样无偏方差理应差别不大，由此，可用 F 检验法检验这一假设是否成立。F 检验法步骤如下：

①原假设 H_0：$\bar{u}_2 = \bar{u}_d^2$，即两母体单位权方差相同。

②做统计量 F，在 H_0 成立下，有

$$F = \frac{u_d^2}{u^2} \tag{3-49}$$

分子自由度 f，分母自由度 $(n-r)_1 + (n-r)_2$。以 a、f，$(n-r)_1 + (n-r)_2$ 为引数，查 F 分布表，得右尾分位值 F_a。若 $F > F_a$，拒绝 H_0，认为平均位移量显著，否则不显著。

以上是 F 检验法，此法也称为平均间隙法，是由 Pelzer 于 1971 年提出的。它是一种整体检验的方法。经检验，如认为位移量显著（指的是平均点位），不见得所有点的位移量均显著，为此，还需进一步按上述所提的方法做单点检验，也可采用下节所述的方法。

3.5.4 χ^2 检验法

有时变形观测网中多余观测数很少，可能只有一个多余观测，用 $\bar{u}_2$ 估计精度太差，经常采用经验数字并把它看成母体方差 $\bar{u}$ 来代替 $\bar{u}_2$，此时 F 检验的分母自由度为无穷大，其实质是 χ^2 检验法。

按 χ^2 检验法，如果 u_d^2 母体方差 $\bar{u}_d^2$ 并无显著差别的话，统计量

$$\chi^2 = \frac{f u_d^2}{\bar{u}_2} \tag{3-50}$$

为 χ^2 变量，自由度为以 a 和 f 查 χ^2 分布表，得右尾分位值 χ_a^2。如 $\chi^2 > \chi_a^2$，则认为 $\bar{u}_2$ 与 u_d^2 不相同而认为位移显著。

3.5.5 水平位移监测成果可靠性分析数学模型

针对导线法，由于平差可利用平差软件对其进行严密平差方法。因此，在可靠性分析时，要先进行构造统数学模型，然后才能进行分析。由于 F 检验法是一种整体检验的经验，如认为位移量显著（指的是平均点位），不见得所有点的位移量均显著。F 检验法不适用于基坑变形监测，以下不做介绍。

1. T 检验法的数学模型

（1）点位中误差的计算。

由于导线中既有角度又有边长，单位权中误差应按下式计算：

$$m_0 = \pm \sqrt{\frac{[pvv]}{n-t}} = \pm \sqrt{\frac{[p_s v_s v_s] + p_\beta v_\beta v_\beta}{n-t}} \tag{3-51}$$

式中　m_0——单位权中误差；
　　　n、t——样本容量和样本统计量；
　　　s、β——边长和角度；
　　　p——待定点压力；
　　　v——观测值误差。

再由式（3-27）求出 $\bar{u}$。

导线中有个待定点，并以这个待定点的坐标作为未知数，按间接平差法进行平差时，法方程系数阵的逆阵就是未知数的协因数阵，即

$$Q_{\hat{X}\hat{X}} = \begin{bmatrix} Q_{x_1x_1} & Q_{x_1y_1} & Q_{x_1x_2} & Q_{x_1y_2} & \cdots & Q_{x_1x_k} & Q_{x_1y_k} \\ Q_{y_1x_1} & Q_{y_1y_1} & Q_{y_1x_2} & Q_{y_1y_2} & \cdots & Q_{y_1x_k} & Q_{y_1y_k} \\ Q_{x_2x_1} & Q_{x_2y_1} & Q_{x_2x_2} & Q_{x_2y_2} & \cdots & Q_{x_2x_k} & Q_{x_2y_k} \\ Q_{y_2x_1} & Q_{y_2y_1} & Q_{y_2x_2} & Q_{y_2y_2} & \cdots & Q_{y_2x_k} & Q_{y_2y_k} \\ \vdots & \vdots & \vdots & \vdots & \cdots & \vdots & \vdots \\ Q_{x_kx_1} & Q_{x_ky_1} & Q_{x_kx_2} & Q_{x_ky_2} & \cdots & Q_{x_kx_k} & Q_{x_ky_k} \\ Q_{y_kx_1} & Q_{y_ky_1} & Q_{y_kx_2} & Q_{y_ky_2} & \cdots & Q_{y_kx_k} & Q_{y_ky_k} \end{bmatrix} \quad (3\text{-}52)$$

利用待定点的纵、横坐标的方差可求得点位中误差是按下式计算的：

$$m_p = m_0 \sqrt{Q_{xx} + Q_{yy}} \quad (3\text{-}53)$$

（2）可靠性分析。

由于两期的导线形状完全相同，则位移量 Δx 的中误差实际由下式计算：

$$m_{\Delta x} = \bar{u}\sqrt{Q_{x_{\mathrm{I}}x_{\mathrm{I}}} + Q_{y_{\mathrm{I}}y_{\mathrm{I}}} + Q_{x_{\mathrm{II}}x_{\mathrm{II}}} + Q_{y_{\mathrm{II}}y_{\mathrm{II}}}} = \bar{u}\sqrt{2Q_{xx} + Q_{yy}} \quad (3\text{-}54)$$

从而构成统计量 t：

$$t = \frac{\Delta x}{\bar{u}\sqrt{Q_{\mathrm{II}} + Q_{\mathrm{IV}}}} = \frac{\Delta x}{m_{\Delta x}} \quad (3\text{-}55)$$

选定显著水平 $a = 0.05$，按 3.5.1 介绍的步骤做点稳定性分析。

2. 变形椭圆法的数学模型

采用导线法测定变形点的坐标，按间接平差法进行平差时，法方程系数阵的逆阵即是未知数的协因数阵。

$$Q_{\hat{X}\hat{X}} = N_{bb}^{-1} = (B^{\mathrm{T}}PB)^{-1} = \begin{bmatrix} Q_{x_1x_1} & Q_{x_1y_1} & Q_{x_1x_2} & Q_{x_1y_2} & \cdots & Q_{x_1x_k} & Q_{x_1y_k} \\ Q_{y_1x_1} & Q_{y_1y_1} & Q_{y_1x_2} & Q_{y_1y_2} & \cdots & Q_{y_1x_k} & Q_{y_1y_k} \\ Q_{x_2x_1} & Q_{x_2y_1} & Q_{x_2x_2} & Q_{x_2y_2} & \cdots & Q_{x_2x_k} & Q_{x_2y_k} \\ Q_{y_2x_1} & Q_{y_2y_1} & Q_{y_2x_2} & Q_{y_2y_2} & \cdots & Q_{y_2x_k} & Q_{y_2y_k} \\ \vdots & \vdots & \vdots & \vdots & \cdots & \vdots & \vdots \\ Q_{x_kx_1} & Q_{x_ky_1} & Q_{x_kx_2} & Q_{x_ky_2} & \cdots & Q_{x_kx_k} & Q_{x_ky_k} \\ Q_{y_kx_1} & Q_{y_ky_1} & Q_{y_kx_2} & Q_{y_ky_2} & \cdots & Q_{y_kx_k} & Q_{y_ky_k} \end{bmatrix} \quad (3\text{-}56)$$

式中　B——分块矩阵；
　　　P——权阵。

可利用式（3-42）计算出 K、λ_1、λ_2 表示各点点位误差椭圆的元素。利用式（3-51）与式（3-27）计算单位权中误差 $\bar{u}=m_0$，即各监测点变形误差椭圆由主轴长短半径 $\bar{u}\sqrt{\lambda_1}$，$\bar{u}\sqrt{\lambda_2}$ 和主轴方向 φ_1 构成。同时在每一点上绘制变形误差椭圆，和取 2 倍中误差为极限的极限变形误差椭圆，根据该点位移向量的分布，是否落在这些椭圆之内，从而判断位移是否显著。

3.6 湿陷性黄土地区基坑监测频率

目前，现行的《建筑基坑工程监测技术标准》（GB 50497）中要求对于普通基坑监测应从基坑工程施工前的准备工作开始直至地下工程完成为止，湿陷性黄土地区的基坑监测也不例外，需要注意的是由于湿陷性黄土的特殊性，规范中的监测频率规定并不适用于该地区，湿陷性黄土地区基坑工程应以基坑周边的水源变化巡查为重点，将防浸水作为基坑安全防护的重中之重。在防水的前提下，基坑监测频率应根据基坑开挖深度、支护类型和使用情况综合确定；对于特殊重点工程，在防水的同时，则应考虑采用不间断监测系统进行监测。

在湿陷性黄土地区进行基坑监测，基坑开挖前应进行观测取得初始值，不少于两次。基坑开挖期间每开挖一层观测 1 次，且观测间隔不应大于 7d；基坑开挖完成后第一个月内，由于基坑处于极不稳定的状态，加之周边环境的影响，应适当加大监测的频率，监测次数为每周 2 次；基坑开挖完成后第 2 个月至基坑回填完成，此时基坑逐渐趋于稳定，根据具体情况可适当拉大监测周期，每 7~10d 观测一次。另外，当基坑情况特殊或设计文件有更严格的要求时可根据实际需要加密观测周期，当基坑有险情时应 24h 不间断观测，具体监测频率可参考表 3-8。

表 3-8 湿陷性黄土基坑监测频率

施工进度	监测频率
基坑开挖前	首次观测取得初始值
基坑开挖过程中	基坑每开挖一层观测一次且间隔不多于 7d
基坑开挖完成后至回填	基坑开挖完成后一个月内每周 2 次；开挖完成后第二个月至回填完成 7~10d 测一次

根据黄土湿陷变形的特性，在降雨后、排水系统堵塞导致基坑坡顶或护坡浸水后，都应立刻进行观测，通过监测数据确定基坑变形情况。另外，基坑坡面或周边地面因各种原因出现裂缝时，也应加密监测频率至裂缝被修复。基坑边突然出现较大荷载变化如行驶或停放重型机械车辆等时，都应加密监测频率，确保基坑安全。

3.7 湿陷性黄土地区基坑监测预警值

支护体系监测项目的预警值应根据支护设计要求确定。监测预警值应由变化速率和允许值控制，宜为设计允许值的 70%~80%。当支护设计无具体要求时，可按表 3-9 选取。

表 3-9　基坑及支护结构变形允许值

序号	监测项目	支护结构类型	允许值 绝对值	允许值 相对基坑深度（h）	变形速率（mm/d）
1	支护桩（墙）或边坡顶部水平位移	放坡、土钉墙、喷锚支护、水泥土墙	30~50	0.3%~0.4%	3~5
		钢板桩、灌注桩、型钢水泥土墙、地下连续墙	25~30	0.2%~0.3%	2~3
2	支护桩（墙）或边坡顶部垂直位移	放坡、土钉墙、喷锚支护、水泥土墙	20~40	0.3%~0.4%	3~5
		钢板桩、灌注桩、型钢水泥土墙、地下连续墙	10~20	0.1%~0.2%	2~3
3	深层水平位移	水泥土墙	30~35	0.3%~0.4%	3~5
		钢板桩	50~60	0.6%~0.7%	2~3
		型钢水泥土墙	50~55	0.5%~0.6%	
		灌注桩	45~50	0.4%~0.5%	
		地下连续墙	40~50	0.4%~0.5%	
4	立柱垂直位移		25~35		2~3
5	基坑周边地表垂直位移		25~35		2~3
6	坑底隆起（回弹）		25~35		2~3
7	支撑内力		f		
8	围护墙内力				
9	立柱内力				
10	锚杆（索）内力				

注：1. f 为构件承载能力设计值；
　　2. 允许值取绝对值和相对基坑深度（h）控制值两者中的小值。

周边环境监测项目的变形允许值应根据监测对象的主管部门的要求确定，当无具体要求时，可按表 3-10 选取。

表 3-10　基坑周边环境变形允许值

监测对象	变化速率（mm/d）	允许值（mm）
天然气	—	50
给水管线	0.5	变形率≤0.5%
电缆、通信线缆	2	变形率≤1.0%
邻近建构筑物	1~3	按《建筑地基基础设计规范》（GB 50007—2011）、《岩土工程勘察规范》（GB 50021—2001）（2009 年版）的规定确定

地下直埋管道，应根据管道类型通过分析其抗弯能力确定允许曲率半径。

对焊接良好的大长度钢管可采用下式计算其允许曲率半径：

$$[R] = \frac{E_p I_p}{[\sigma] W_p} \tag{3-57}$$

式中　$[R]$——允许曲率半径（m）；

　　　$[\sigma]$——管道材料的允许应力（kN/m²）；

　　　W_p——管道截面抵抗矩（m³）；

　　　E_p——管道材料弹性模量（kN/m²）；

　　　I_p——管道截面惯性矩（m⁴）。

有接头管道，分别按管节缝允许张开值 $[\Delta]$、管节纵向受弯曲允许应力 $[\sigma_w]$ 及管节横向受弯曲允许应力 $[\Delta\sigma_w]$ 三者计算的管道允许曲率半径最大值 $[R_{max}]$，作为允许曲率半径。

当出现下列情况之一时，必须立即进行危险预警，并对基坑支护结构和周边环境中的保护对象采取应急措施。

（1）当监测数据达到监测预警值；

（2）基坑支护结构或周边土体的位移突然增大或基坑出现坍塌、流砂、管涌、基底隆起、地表塌陷、严重渗漏等；

（3）基坑支护结构的支撑或锚杆（索）体系出现较大变形、压屈、断裂、松弛等迹象；

（4）周边建筑的结构或地面出现突发裂缝；

（5）周边管线变形突然增大或出现裂缝、泄漏等；

（6）出现其他必须进行危险预警的情况。

3.8　湿陷性黄土地区基坑事故预防措施

（1）首先进行场地工程地质、水文地质、基坑周围环境、基坑周边地形地貌及施工方案的综合分析。从险情的形成条件入手，找出险情发生的必要条件（如岩土特性、支护结构、有效临空面、邻近建筑物及地下设施等）和某些相关的诱发条件（如地下水、气象条件、地震、开挖施工等），再结合结构稳定性分析计算，得出是否会发生险情的初步结论。

（2）现场监测是实现险情预报的必要条件。现场监测的目的是运用各种有效监测手段，及时捕捉险情发生前所暴露出的各种前兆信息，以及诱发险情的各种相关因素。监测成果不仅要表示出险情发生动态要素的演变趋势，而且要及时绘出水平位移及其速率、沉降、应力及裂缝等随时间的变化曲线，并及时进行分析评价。所有监测设备（包括导线等）安装后应做妥善可靠保护，避免其受自然或人为损坏，并定期进行检查，必要时应进行替换。

（3）进行必要的模拟试验，有利于险情发生时刻的准确预报。险情发生时刻是现场监测数据达到了险情发生模式中的临界极限指标的时刻。模拟试验可以较准确地确定各种可能的险情发生模式和确定临界状态时的相关极限指标和险情预报根据。

（4）要及时捕捉宏观的险情发生前兆信息。由肉眼巡视和一般的险情预报实例可知，大多数的险情是可能通过肉眼巡视早期发现的。

（5）在经过细致深入的定量分析评价和险情报警之后，应及时提出处理措施和建议，并积极配合设计、施工单位调整施工方案，采取必要的补救或其他应急措施，及时排除险情，通过跟踪监测来检验加固处理后的效果，从而确保工程后续进程的安全。

4 湿陷性黄土地区基坑变形预测模型

近几年来，随着动态设计及信息化施工技术的提出，国内外学者对基坑工程变形预测预报技术进行了深入的研究。由于基坑支护结构形式、基坑组成物质的物理力学性质、外力作用的复杂和不确定性，建立合理的确定性模型较为困难。因此，通过揭示变形监测数据序列的结构与规律，建立动态预测模型，反映变形特征，推断变化趋势就成为一种有效的方法，用数学模型来逼近、模拟和揭示变形体的变形和动态特性成为新的研究方向，其中比较有代表性的模型是灰色系统模型、BP神经网络模型、灰色系统-BP神经网络组合预测模型、时间序列预测模型等。

4.1 灰色系统预测模型

4.1.1 灰色系统的基本概念

灰色系统理论（Grey System Theory）创立于20世纪80年代。"灰色系统"一词最早出现在邓聚龙教授关于"含未知数系统的控制问题"的学术报告中，在其后的时间里对灰色系统理论的建立、完备、应用和推广做出了杰出的贡献，并奠定了灰色系统理论的基础。

研究灰色系统的目的是通过已经掌握的信息来预测其未知的领域从而达到对系统的全面认识。所以灰色系统理论的研究对象就是那些尚未被完全认知的事物，即部分信息已知部分、信息未知的系统。

不确定系统往往意味着系统周期较短而且数据、相关信息不足，要寻求系统的内在规律就必须克服这些困难。不确定系统的研究方法很多，比较常用的有概率学、模糊数学和灰色系统等，它们都具备小样本建模的优点。

灰色系统作为客观系统的认知方法，有很深层的哲学原理和科学的分析方法。客观系统呈现在人们眼前的一面往往都是复杂迷离的，但是这并不意味着它的发展变化就是散乱无章、无迹可寻的，从哲学的观点出发，客观系统是作为一个整体具有协调性和完备性等特点，有其自身的运动规律，而认识客观系统的方法就是透过现象看本质，通过散乱的数据序列去认识其内在的运动过程，并预测其未来的发展、变化。灰色系统理论中采用的思路和做法：利用相关的算子来弱化灰色数据序列的随机性，然后建立数学模型来反映该序列可能的变化状态和发展过程。

灰色系统模型需要具备以下条件才能使用：(1) 用来建模的数据序列是一个可以用初等函数进行表达的、光滑离散的函数序列；(2) 灰色系统模型只适合用来描述一个单调递增或者单调递减的过程。

4.1.2 建模机理与数学原理

1. GM 模型建模机理

GM 模型即灰色模型 (Grey Model)。一般建模是用原始的数据序列建立差分方程，灰色建模则是用原始数据序列生成数后建立微分方程。由于系统被噪声污染后，原始数据序列呈现出离乱的情况，这种离乱的数列也是一种灰色数列或者灰色过程。对其建立模型，便成为灰色模型。灰色系统理论所以能够建立微分方程型的模型，基于下述概念、观点和方法。

(1) 灰色理论将随机变量当作是一定范围内变化的灰色变量，将随机过程当作是在一定范围、一定时段内变化的灰色过程。

(2) 无规律的原始数据经生成后，变为较有规律地生成数列再建模，所以灰色模型实际上是生成数列模型。

(3) 灰色理论按开集拓扑定义了数列的时间测度，进而定义了信息浓度，定义了灰导数与灰微分方程。

(4) 灰色理论通过灰数的生成方式、数据的不同取舍以及参差的灰色模型来调整、修正、提高精度。

(5) 灰色理论模型基于关联度的概念及关联度收敛原理。

(6) 灰色模型一般采用三种检验，即参差检验、关联度检验、后验差检验。参差检验是按点检验，关联度检验是建立的模型与指定函数之间近似性的检验，后验差检验是参差分布随机特性的检验。

(7) 对于高阶系统建模，灰色理论是通过 GM (1,N) 模型解决的。

(8) 灰色模型所得数据必须经过逆生成进行还原后才能使用。

2. 灰色动态模型的数学原理

灰色系统理论与方法的核心是灰色动态模型，其特点是生成函数和灰色微分方程。灰色动态模型是以灰色生成函数概念为基础、以微分拟合为核心的建模方法，灰色系统理论认为一切随机量都是在一定范围内、一定时段上变化的灰色量和灰色过程，对于灰色量的处理不是寻求它的统计规律和概率分布，而是将杂乱无章的原始数据列，通过一定的方法处理，变成比较有规律的时间序列数据，即以数找数的规律，再建立动态模型。对原始数据以一定方法进行处理，其目的有二：一是为建立模型提供中间信息；二是将原始数据的波动性弱化。

若给定原始时间数据列 $X^{(0)} = (x^{(0)}(1), x^{(0)}(2), \cdots, x^{(0)}(n))$。这些数据多为无规律的、随机的、有明显的摆动，若将原始数据列进行一次累加生成，获得新的数据列 $X^{(1)} = (x^{(1)}(1), x^{(1)}(2), \cdots, x^{(1)}(n))$。其中：

$$X_i^{(1)}(i) = \sum_{i=1}^{k} x^{(0)}(k) \quad (i = 1, 2, \cdots, n) \tag{4-1}$$

新生成的数据列为一条单调增长的曲线，增加了原始数据列的规律性，而弱化了波动性。

灰色系统建模思想是直接将时间序列转化为微分方程，从而建立抽象系统的发展变化动态模型（Grey Dynamic Model），简记为 GM。建立的 GM（h，n）模型，是微分方程的时间连续函数模型，括号中的 h 表示方程的阶数，n 表示变量的个数，即

$$\frac{d^4(X_1^{(1)})}{dt^4}+a_1\frac{d^{n-1}(X_1^{(1)})}{dt^{n-1}}+\cdots+a_nX_1^{(1)}=b_1X_2^{(1)}+b_2X_3^{(1)}+\cdots+b_{n-1}X_n^{(1)} \quad (4-2)$$

则微分方程的系数向量 a 为

$$a=[a_1, a_2, \cdots, a_n, \vdots b_1, b_2, \cdots, b_n]^T \quad (4-3)$$

可以用最小二乘法求解：

$$a=[(A\vdots B)^T(A\vdots B)^{-1}](A\vdots B)^Ty_n \quad (4-4)$$

式中　（A⋮B）——A、B组成的分块矩阵。

4.1.3　灰色系统五步建模思想

研究一个抽象系统，建立系统的数学模型，就是对系统的整体功能、协调功能以及系统各因素间的关联关系、因果关系、动态关系进行具体的量化研究。这种研究，必须以定性分析为先导，定量与定性紧密结合，因此，系统模型的建立，一般要经历思想开发、因素分析、量化、动态化、优化五个步骤，故称为五步建模。

第一步开发思想，形成概念，通过定性分析、研究，明确研究的方向、目标、途径、措施，并将结果用准确简练的语言加以表达，这便是语言模型。

第二步对语言模型中的因素及各因素之间的关系进行剖析，找出影响事物发展的前因、后果。

一对前因后果（或一组前因与一个后果）构成一个环节。一个系统包含许多个这样的环节。有时，同一个量既是一个环节的前因，又是另一环节的后果。将所有这些关系连接起来，便得到一个相互关联的、由多个环节构成的框图，即为网络模型。

第三步对各环节的因果关系进行量化研究，初步得出低层次的概略量化关系，即为量化模型。

第四步进一步收集各环节输入数据和输出数据，利用所得数据序列，建立动态灰色模型，即动态模型。动态模型是高层次的量化模型，更为深刻地揭示出输入与输出之间的数量关系或转换规律，是系统分析、优化的基础。

第五步对动态模型进行系统研究和分析，通过结构、机理、参数的调整，进行系统重组，达到优化配置、改善系统动态品质的目的。这样得到的模型，称为优化模型。

五步建模的全过程，是在五个不同阶段五种模型的建立过程：语言模型⇒网络模型⇒量化模型⇒动态模型⇒优化模型。

在建模过程中，要不断地将下面阶段中所得的结果向回反馈，经过多次循环往复，使整个模型逐步趋于完善。

五步建模思想在社会科学与自然科学之间架起了一座桥梁，使之相互沟通。它使社会科学研究数学化、计算机化、自然科学化，同时也使自然科学研究高度概括，使之更为精辟，更富于哲理性。

灰色系统建模的基本思路可以概括为以下几点：

(1) 定性分析是建模的前提。

(2) 定量模型是定性分析的具体化。

(3) 定性与定量紧密结合，相互补充。

(4) 明确系统因素，弄清因素间的关系及因素与系统的关系是系统研究的核心。

(5) 因素分析不应停留在一种状态上，而应考虑到时间推移、状态变化，即系统行为的研究要动态化。

(6) 因素间的关系及因素与系统的关系不是绝对的，而是相对的。

(7) 为了将控制论中卓有成效的方法和成果推广到社会、经济、农业、生态等研究领域中，系统模型应控制化（五步建模思想）。

(8) 要通过模型了解系统的基本控制性能，如是否可控、变化过程是否可观测等。

(9) 要通过模型对系统进行诊断，搞清现状，揭示潜在的问题。

(10) 建立模型常用的数据有以下几种：科学试验数据、经验数据、生产数据、决策数据。

(11) 序列生成是建立灰色模型的基础数据。

(12) 对于满足准光滑条件的序列，可以建立灰色微分模型。一般非负序列累加生成后，可得到准光滑序列。

(13) 模型精度可以通过灰数的不同生成方式、数据的取舍、序列的调整、修正以及不同级别的残差灰色模型补充得到提高。

(14) 灰色理论采用三种方法检验、判断模型的精度：残差大小检验，是对模型值和实际值的误差进行逐点检验；关联度检验，通过考察模型值曲线与建模序列曲线的相似程度进行检验；后验差检验，是对残差分布的统计特性进行检验。

4.1.4 灰色微分方程

许多系统研究学者对微分方程很感兴趣，认为微分方程较深刻地反映了事物发展的本质。面对离散的数据序列，人们常常感到束手无策。因为只有连续可导函数，才可以考虑其微分方程。灰色系统理论通过对一般微分方程的深刻剖析定义了灰导数，从而使我们能够利用离散数据序列建立近似的微分方程控型。

设微分方程为 $\frac{\mathrm{d}x}{\mathrm{d}t}+ax=b$，则称 $\frac{\mathrm{d}x}{\mathrm{d}t}$ 为 x 的导数；x 为 $\frac{\mathrm{d}x}{\mathrm{d}t}$ 的背景值，a、b 为参数。因此，一个一阶微分方程由导数、背景值和参数三部分构成。

设 $X(t)$ 为定义在时间集 T 上的函数，当 $\Delta t \to 0$ 时，恒有 $x(t+\Delta t)-x(t)\neq 0$，则称 $x(t)$ 在 T 上的信息浓度为无限大。使微分方程为 $\frac{\mathrm{d}x}{\mathrm{d}t}+ax=b$ 成立的 $x(t)$ 满足信息浓度无限大条件（由导数的定义即知）。

设 A、B 为集合，R 为 A 与 B 元素之间的一种运算，$\forall a_1 \in A$、$a_2 \in A$，$\forall b \in B$，如果 $a_1 R b = a_2 R b$，则称 b 对 a_1、a_2 为平射。

若 R 为取绝对差运算，即 $aRb=|a-b|$。当 $a_1 R b = a_2 R b$ 亦即 $|a_1-b|=|a_2-b|$ 时，则称 R 为算术平射或简单平射。

若 $x(t)$ 为正值函数，即对任意 t，$x(t)>0$，则微分方程 $\frac{\mathrm{d}x}{\mathrm{d}t}+ax=b$ 中的导数 $\frac{\mathrm{d}x}{\mathrm{d}t}$ 与背景值中元素满足简单平射关系。

微分方程构成的条件有以下三条:
(1) 信息浓度无限大;
(2) 背景值是灰数;
(3) 导数与背景值满足平射关系。

设 I 为计时单位的集合。若 $I=(\cdots,年,月,日,时,分,秒,\cdots)$,则称 I 为习惯计时单位集或习惯时间序号集。

设 I_i 和 I_j 分别为 i 级计时单位和 j 级计时单位下的一个时间单位。若 $I_i<I_j$,则称 i 级计时单位比 j 级计时单位密。

设 $X=(x(1_i), x(2_i), \cdots, x(n_i))$ 为 i 级计时单位时间序列,则称:

$$d^{(i)}=x(k_i)-x(k_i-l_i) \quad (k_i=1_i, 2_i, \cdots, n_i) \tag{4-5}$$

为 i 级计时单位下的信息增量。

设 X 为计时单位可无限密化的序列,l_i 为 i 级计时单位下的一个时间单位。若当 $l_i \to 0$ 时 $d^{(i)}=x(k_i)-x(k_i-l_i) \neq 0$,则称 X 为具有微分方程内涵的序列,或称灰色微分序列,并称:

$$d^{(i)}(k_i)=\lim l_i \to 0 \, (x(k_i)-x(k_i-1)) \quad (k_i=1_i, 2_i, \cdots, n_i) \tag{4-6}$$

为序列 X 的灰导数。一般序列的灰导数计为 $d(k)$。

设原始序列:

$X^{(0)}=(x^{(0)}(1), x^{(0)}(2), \cdots, x^{(0)}(n))$,$X^{(1)}=(x^{(1)}(1), x^{(1)}(2), \cdots, x^{(1)}(n))$,其中 $X^{(1)}(k)=\sum_{i=1}^{k} x^{(0)}(i); k=1,2,\cdots,n$ 为 $X^{(0)}$ 的 1-AGO 序列,则 $X^{(1)}$ 的灰导数为 $d(k)=x^{(0)}(k)$。

4.1.5 GM (1, 1) 模型

1. 模型的建立

称 $d^{(i)}(k_i)+ax^{(1)}(k_i)=b$ 为灰微分方程。

对于灰微分型方程 $x^{(0)}(k)+ax^{(1)}(k)=b$。灰导数 $x^{(0)}(k)$ 与背景值 $\{x^{(i)}(k), x^{(i)}(k-1)\}$ 中元素不满足平射关系。

若背景值取 $X^{(1)}$ 中元素的均值,即令 $z^{(1)}(k)=0.5x^{(1)}(k)+0.5x^{(1)}(k-1)$,则背景值 $z^{(1)}(k)$ 与灰导数成分 $x^{(1)}(k)$、$x^{(1)}(k-1)$ 具有算数平射关系。

若灰色微分型方程满足下列条件,则称此灰色微分型方程为灰微分方程:
(1) 信息浓度无限大;
(2) 序列具有灰微分内涵;
(3) 背景值到灰导数成分具有平射关系。

方程 $x^{(0)}(k)+az^{(1)}(k)=b$,其中 $z^{(1)}(k)=0.5x^{(1)}(k)+0.5x^{(1)}(k-1)$,为灰微分方程。

称 $x^{(0)}(k)+az^{(1)}(k)=b$ 为 GM (1, 1) 模型。

设 $X^{(0)}$ 为非负序列,$X^{(0)}=(x^{(0)}(1), x^{(0)}(2), \cdots, x^{(0)}(n))$,其中 $x^{(0)}(k) \geqslant 0$,$k=1, 2, \cdots, n$。$x^{(1)}$ 为 $x^{(0)}$ 的 1-AGO 序列,$x^{(1)}=(x^{(1)}(1), x^{(1)}(2), \cdots, x^{(1)}(n))$,

其中 $x^{(1)}(k)=\sum_{i=1}^{k}x^{(0)}(i), k=1,2,\cdots,n$。$Z^{(1)}$ 为 $X^{(1)}$ 的紧邻均值生成序列,$Z^{(1)}=(z^{(1)}(1),z^{(1)}(2),\cdots,z^{(1)}(n))$,其中,$z^{(1)}(k)=0.5x^{(1)}(k)+0.5x^{(1)}(k-1)$,$k=1$,$2,\cdots,n$。

若 $\hat{a}=(a,b)^{\mathrm{T}}$ 为参数列,即

$$Y=\begin{pmatrix}x^{(0)}(2)\\x^{(0)}(3)\\\cdots\\x^{(0)}(n)\end{pmatrix},\quad B=\begin{pmatrix}-z^{(1)}(2) & 1\\-z^{(1)}(3) & 1\\\cdots & \cdots\\-z^{(1)}(n) & 1\end{pmatrix} \quad (4-7)$$

则灰色微分方程 $x^{(0)}(k)+az^{(1)}(k)=b$ 的最小二乘估计参数列满足:

$$\hat{a}=(a,b)^{\mathrm{T}}=(B^{\mathrm{T}}B)^{-1}B^{\mathrm{T}}Y \quad (4-8)$$

设 $X^{(0)}$ 为非负序列,$X^{(1)}$ 为 $X^{(0)}$ 的 1-AGO 序列,$Z^{(1)}$ 为 $X^{(1)}$ 的紧邻均值生成序列,$\hat{a}=(a,b)^{\mathrm{T}}=(B^{\mathrm{T}}B)^{-1}B^{\mathrm{T}}Y$ 称 $\frac{\mathrm{d}x^{(1)}}{\mathrm{d}t}+ax^{(1)}=b$ 为灰微分方程 $x^{(0)}(k)+az^{(1)}(k)=b$ 的白化方程,也叫影子方程。

设 B、Y、$\hat{a}$ 如上所述,$\hat{a}=(a,b)^{\mathrm{T}}=(B^{\mathrm{T}}B)^{-1}B^{\mathrm{T}}Y$,则有 $(k+1)=\left[x^{(1)}(0)-\dfrac{b}{a}\right]\mathrm{e}^{-ak}+\dfrac{b}{a}$。

(1) 白化方程 $\dfrac{\mathrm{d}x^{(1)}}{\mathrm{d}t}+ax^{(1)}=b$ 的解或称时间响应函数为

$$x^{(1)}(t)=\left[x^{(1)}(0)-\frac{b}{a}\right]\mathrm{e}^{-ak}+\frac{b}{a} \quad (4-9)$$

(2) GM(1,1) 灰微分方程 $x^{(0)}(k)+az^{(1)}(k)=b$ 的时间响应序列为

$$\hat{x}^{(1)}(k+1)=\left[x^{(1)}(0)-\frac{b}{a}\right]\mathrm{e}^{-ak}+\frac{b}{a} \quad (k=1,2,\cdots,n) \quad (4-10)$$

(3) 取 $x^{(1)}(0)=x^{(0)}(1)$,则

$$\hat{x}^{(1)}(k+1)=\left[x^{(0)}(1)-\frac{b}{a}\right]\mathrm{e}^{-ak}+\frac{b}{a} \quad (k=1,2,\cdots,n) \quad (4-11)$$

(4) 还原值:

$$\hat{x}^{(0)}(k+1)=\alpha^{(1)}\hat{x}^{(1)}(k+1)=\hat{x}^{(1)}(k+1)-\hat{x}^{(1)}(k) \quad (k=1,2,\cdots,n) \quad (4-12)$$

称 GM(1,1) 模型中的参数 $-a$ 为发展系数,b 为灰作用量。

$-a$ 反映了 $\hat{X}^{(1)}$ 及 $\hat{X}^{(0)}$ 的发展态势。一般情况下,系统作用量应是外生的或前定的,而 GM(1,1) 是单序列建模,只用到系统的行为序列或称输出序列、背景值,而无外作用序列或称输入序列、驱动量。GM(1,1) 中的灰作用量是从背景值挖掘出来的数据,反映出数据变化的关系,其确切内涵是灰的。灰作用量是内涵外延化的具体体现,它的存在,是区别灰色建模与一般输入输出建模(黑箱建模)的分水岭,也是区分灰系统观点与灰箱观点的试金石。

GM(1,1) 模型 $x^{(0)}(k)+az^{(1)}(k)=b$ 可以转化为 $x^{(0)}(k)=\beta-\alpha x^{(1)}(k-1)$,其中 $\beta=\dfrac{b}{1+0.5a}$,$\alpha=\dfrac{a}{1+0.5a}$。

设 $\beta = \dfrac{b}{1+0.5a}$，$\alpha = \dfrac{a}{1+0.5a}$，$\widehat{X}^{(1)} = (\widehat{x}^{(1)}(1), \widehat{x}^{(1)}(2), \cdots, \widehat{x}^{(1)}(n))$，为 GM（1，1）模型的时间响应序列，其中：

$$\widehat{X}^{(1)}(k) = \left[\left(x^{(0)}(1) - \dfrac{b}{a}\right)\mathrm{e}^{-a(k-1)} + \dfrac{b}{a}\right] \quad (k=1, 2, \cdots, n) \tag{4-13}$$

则

$$X^{(0)}(k) = [\beta - \alpha x^{(0)}(1)]\mathrm{e}^{-a(k-2)} \tag{4-14}$$

2. GM（1，1）模型的适用范围

（1）GM（1，1）模型存在无意义的情况。

当 $(n-1)\sum\limits_{k=2}^{n}[z^{1}(k)]^{2} \to \left[\sum\limits_{k=2}^{n}z^{(1)}(k)\right]^{2}$ 时，GM（1，1）模型无意义。

采用最小二乘法估计模型参数，有

$$a = \dfrac{\sum\limits_{k=2}^{n}x^{(0)}(k)\sum\limits_{k=2}^{n}z^{(1)}(k) - (n-1)\sum\limits_{k=2}^{n}x^{(0)}(k)z^{(1)}(k)}{(n-1)\sum\limits_{k=2}^{n}[z^{(1)}(k)]^{2} - \left[\sum\limits_{k=2}^{n}z^{(1)}(k)\right]^{2}}$$

$$b = \dfrac{\sum\limits_{k=2}^{n}x^{(0)}(k)\sum\limits_{k=2}^{n}[z^{(1)}(k)]^{2} - \sum\limits_{k=2}^{n}z^{(1)}(k)\sum\limits_{k=2}^{n}x^{(0)}(k)z^{(1)}(k)}{(n-1)\sum\limits_{k=2}^{n}[z^{(1)}(k)]^{2} - \left[\sum\limits_{k=2}^{n}z^{(1)}(k)\right]^{2}}$$

当 $(n-1)\sum\limits_{k=2}^{n}[z^{1}(k)]^{2} \to \left[\sum\limits_{k=2}^{n}z^{(1)}(k)\right]^{2}$ 时，$a \to \infty$、$b \to \infty$ 无法确定模型的参数，故 GM（1，1）模型无意义。

实际上，当 GM（1，1）的发展系数 $|a| \geqslant 2$ 时，GM（1，1）模型就不再适用。

上面我们从 GM（1，1）的建模机理着手分析了 GM（1，1）模型的适用条件，提出即使原始数列是由指数曲线离散得到的，应用 GM（1，1）模型仍会导致一定的误差，且随着 $|a|$ 的增大而增大。下面从建立 GM（1，1）模型的条件做一个分析，建立 GM（1，1）的条件是原始离散数据为准光滑的数列。

我们令 $X^{(0)}(t) = b\mathrm{e}^{-a(t-1)} + \delta(t)$，$t=1, 2, \cdots, n$，其中 $\delta(t)$ 为随机误差，则

$$X^{(1)}(t-1) = b + b\mathrm{e}^{-a} + b\mathrm{e}^{-2a} + \cdots + b\mathrm{e}^{-a(t-2)} + \delta(1) + \delta(2) + \cdots + \delta(t-1)$$

$$= \dfrac{b(1-\mathrm{e}^{-a(t-1)})}{1-\mathrm{e}^{-a}} + \delta(1) + \delta(2) + \cdots + \delta(t-1)$$

当原始数据具有良好的指数规律时，随机误差可以忽略，则

$$\dfrac{X^{(0)}(t)}{X^{(1)}(t-1)} = \dfrac{b\mathrm{e}^{-a(t-1)}(1-\mathrm{e}^{-a})}{b(1-\mathrm{e}^{-a(t-1)})} = (\mathrm{e}^{-a}-1)\left[1+\dfrac{1}{(1-\mathrm{e}^{-a(t-1)})-1}\right]$$

下面仅考虑 $a<0$ 这种情况（$a>0$ 同理可证），$a<0$，因此有 $\dfrac{1}{1-\mathrm{e}^{-a(t-1)}}>0$。若满足准光滑序列的条件成立，必定满足 $\mathrm{e}^{-a}-1<\varepsilon$。

由上式可以看出 a 的值必须很小，接近于零。当 $|a|<\Delta$ 时（Δ 是一充分小的正常数），利用 GM（1，1）建模能得到较好的效果，且模型的精度随着 $|a|$ 的增大而减小。因此 GM（1，1）模型有很大的局限性，只有当系统基本上按照指数规律发展，且

发展速度不是很快时，才能用 GM (1, 1) 来做系统预测。

(2) GM (1, 1) 参数禁区。

通过 GM (1, 1) 找到发展系数 a 与灰作用量 b 后，可建立 GM (1, 1) 模型。可是并不是所有的 GM (1, 1) 模型都是有效的。如果参数 (a, b) 不合理，可能导致畸形 GM (1, 1)。比如：出现 $\hat{x}^{(0)}(k) < 0$，或者出现 $\hat{x}^{(0)}(k) = 0$，或者出现 $\hat{x}^{(0)}(k) \to \infty$，或者出现残差 $e^{(0)}(k)$ 超过容许值。

不合适参数所在区间，称为 GM (1, 1) 参数的禁区。

对于 GM (1, 1) 发展系数 a，有

① 禁区为 $(-\infty, -2) \cup [2, +\infty)$，即 $a \notin (-\infty, -2) \cup [2, +\infty)$。即在 $a \in (-\infty, -2) \cup [2, +\infty)$ 时，GM (1, 1) 模型失去意义。

② 可容区为 $(-2, +2)$，即 $a \in (-2, +2)$。

③ GM (1, 1) 建模可行性的级比判断。

前面已指出：只有符合灰建模三条件的序列，才可做 GM (1, 1) 建模。可是序列 $x^{(0)}$ 给出后，要对灰建模三条件逐一检验是很费事的。下面提出的方法是只根据原始序列 $x^{(0)}$ 的级比 $\sigma^{(0)}(k)$ 的大小，判断 GM (1, 1) 建模的可行性，这就是灰建模——GM (1, 1) 建模——可行性的级比判断。

令 $x^{(0)}$ 为原始序列，$x^{(0)} = (x^{(0)}(1), x^{(0)}(2), \cdots, x^{(0)}(n))$，令 $\sigma^{(0)}(k)$ 为 $x^{(0)}$ 的级比，$\sigma^{(0)}(k) = \dfrac{x^{(0)}(k-1)}{x^{(0)}(k)}$，$k \geqslant 3$，则当 $\sigma^{(0)}(k)$ 满足 $\sigma^{(0)}(k) \in (0.1353, 7.389)$ 时，$x^{(0)}$ 可做非畸形的 GM (1, 1) 建模。

(4) 建立满意有效的 GM (1, 1) 模型的级比界区。

级比可容区 $(0.1353, 7.389)$ 是 GM (1, 1) 建模的基本条件，然而不是实用条件。也就是说要想建立满意有效的 GM (1, 1) 模型，级比 $\sigma^{(0)}(k)$ 应落于靠近 1 的一个子区间 $(1-\varepsilon, 1+\varepsilon)$，即 $(1-\varepsilon, 1+\varepsilon) \subset (0.1353, 7.389)$。这一子区间，就叫作级比界区。级比界区的结论如下：

① a 的界区：

$$a \in \left(\dfrac{-2}{n+1}, \dfrac{2}{n+1}\right) \tag{4-15}$$

② $\sigma^{(0)}(k)$ 的界区：

$$\sigma^{(0)}(k) \in \left(e^{\frac{-2}{n+1}}, e^{\frac{2}{n+1}}\right) \tag{4-16}$$

从中可得出结论：n 越小，数据越小，界区越大，则建模条件越宽容；n 越大，数据越多，界区越小，则建模条件越苛刻。

3. GM (1, 1) 模型精度检验

设原始序列 $X^{(0)} = (x^{(0)}(1), x^{(0)}(2), \cdots, x^{(0)}(n))$，相应的模型模拟序列为 $\hat{X}^{(0)} = (\hat{x}^{(0)}(1), \hat{x}^{(0)}(2), \cdots, \hat{x}^{(0)}(n))$，残差序列：

$$\begin{aligned}\varepsilon^{(0)} &= (\varepsilon(1), \varepsilon(2), \cdots, \varepsilon(n)) = (x^{(0)}(1) - \hat{x}^{(0)}(1), \\ & \quad x^{(0)}(2) - \hat{x}^{(0)}(2), \cdots, x^{(0)}(n) - \hat{x}^{(0)}(n))\end{aligned} \tag{4-17}$$

相对误差序列：

$$\Delta = \left(\left| \frac{\varepsilon(1)}{x^{(0)}(1)} \right|, \left| \frac{\varepsilon(2)}{x^{(0)}(2)} \right|, \cdots, \left| \frac{\varepsilon(n)}{x^{(0)}(n)} \right| \right) = \{\Delta_k\}_1^n \tag{4-18}$$

(1) 对于 $k<n$，称 $\Delta_k = \left| \frac{\varepsilon(k)}{x^{(0)}(k)} \right|$ 为 k 点模拟相对误差，称 $\Delta_k = \left| \frac{\varepsilon(k)}{x^{(0)}(k)} \right|$ 为滤波相对误差，称 $\overline{\Delta} = \frac{1}{n}\sum_{k=1}^{n}\Delta_k$ 为平均模拟相对误差。

(2) 称 $1-\overline{\Delta}$ 为平均相对精度，$1-\Delta_n$ 为滤波精度。

(3) 给定 α，当 $\overline{\Delta}<\alpha$ 且 $\Delta_n<\alpha$ 成立时，称模型为残差合格模型。

设 $X^{(0)}$ 为原始序列，$\hat{X}^{(0)}$ 为相应的模拟序列，ε 为 $X^{(0)}$ 与 $\hat{X}^{(0)}$ 的绝对关联度。若对于结定的 $\varepsilon_0>0$，有 $\varepsilon>\varepsilon_0$，则称模型为关联合格模型。

设 $X^{(0)}$ 为原始序列，$\hat{X}^{(0)}$ 为模型模拟序列，$\varepsilon^{(0)}$ 为残差序列，$\overline{x}=\frac{1}{n}\sum_{k=1}^{n}x^{(0)}(k)$ 为 $X^{(0)}$ 的均值。$S_1^2 = \frac{1}{N}\sum_{k=1}^{n}(x^{(0)}(k)-\overline{x})^2$ 为 $X^{(0)}$ 的方差，$\overline{\varepsilon}=\frac{1}{n}\sum_{k=1}^{n}\varepsilon(k)$ 为残差均值。$S_2^2 = \frac{1}{N}\sum_{k=1}^{n}(\varepsilon(k)-\overline{\varepsilon})^2$ 为残差方差。

(1) 称 $C=\frac{S_2}{S_1}$ 为均方差比值；对于给定的 $C_0>0$，当 $C<C_0$ 时，称模型为均方差比合格模型。

(2) 称 $p=P(|\varepsilon(k)-\overline{\varepsilon}|)<0.6745S_1$ 为小误差概率，对于给定的 $p_0>0$，当 $p>p_0$ 时，称模型为小误差概率合格模型。

上述定义总结出检验模型的三种方法，这三种方法都是通过对残差的考察来判断模型精度的。其中平均相对误差 $\overline{\Delta}$ 和滤波误差都要求越小越好；关联度 ε 要求越大越好，均方差比值 C 越小越好（C 小说明 S_2 小，S_1 大，即模拟误差方差小，原始数据方差大。这说明模拟误差比较集中，摆动幅度小，原始数据比较分散，摆动幅度大。所以模拟效果好，要求 S_2 与 S_1 相比尽可能小一些）。小误差概率 p 越大越好。给定 $\alpha, \varepsilon_0, C_0, p_0$ 的一组取值，就确定了检验模型模拟精度的一个等级。精度检验等级有表 4-1 所示四级，可供检验模型参考。

表 4-1 精度检验等级

精度等级	指标临界值			
	相对误差 α	关联度 ε_0	均方差比值 C_0	小误差概率 p_0
一级	0.01	0.90	0.35	0.95
二级	0.05	0.80	0.5	0.80
三级	0.10	0.70	0.65	0.70
四级	0.20	0.60	0.8	0.60

注：一般情况下，最常用的是相对误差检验指标。

4.1.6 GM (2，1) 模型

常见的灰色模型预测方法是 GM（1，1）模型，该模型把各个点的观测数据分开，

用每个点的监测数据建立模型预测该点的未来变形量,各个点之间是互不相关的,各个模型也是独立的。但事实上,各个点之间的位移不是独立的,它们在同一个基坑中,特别是在同一个支挡结构上的各个监测点,其变形是相关的,所以各个点的预测模型也应该存在耦合性。这是不符合实际情况的,应该充分考虑各个点之间的相互影响,因此许多学者提出拟用 GM(2,1)模型来研究基坑的变形。

1. GM(2,1)概念

灰色模型 GM(2,1)是对数据预处理的一种有效方式,一是削弱数据列的波动变化,减小其随机性;二是调整数据列原有的变化态势,以符合或接近决策的需要,其在土木工程领域已有广泛的应用。GM(2,1)模型是二阶,有两个特征根模型,因此动态过程也能反映出单调的、非单调的或摆动的(振荡的)等多种情况。所谓的灰色系统建模,就是利用离散的时间序列数据近似(灰色)连续的微分模型,在这一过程中,累加生成是基本手段,其生成函数是灰色建模、预测的基础。

2. GM(2,1)模型

给定数列 $X^{(0)} = (X^{(0)}(1), X^{(0)}(2), \cdots, X^{(0)}(n), X^{(0)}(i)) > 0$ ($i=1, 2, \cdots, n$),对其做一次累加生成:

$$X^{(1)}(k) = \sum_{i=1}^{k} X^{(0)}(i)$$

这样得到了数列 $X^{(1)} = (X^{(1)}(1), X^{(1)}(2), \cdots, X^{(1)}(n))$。把数列 $X^{(1)}$ 看成是时刻 t 的连续函数 $X^{(1)} = X^{(1)}(t)$ ($t=1, 2, \cdots, n$),对数列 $X^{(1)}$ 建立系统微分方程为

$$\frac{d^2 x^{(1)}}{dt^2} + u_1 \frac{dx^{(1)}}{dt} + u_2 x^{(1)} = u_3 \tag{4-19}$$

式中 u_i($i=1, 2, 3$)——系统参数,其数值的确定可以利用最小二乘法原则。

将方程(4-19)两端积分得

$$\int_{k-1}^{k} \frac{d^2 X^{(1)}}{dt^2} dt + u_1 \int_{k-1}^{k} \frac{dX^{(1)}}{dt} dt + u_2 \int_{k-1}^{k} X^{(1)} dt = u_3$$

利用积分离散的梯形公式:

$$\int_{k-1}^{k} X^{(1)}(t) dt = \frac{X^{(1)}(k) + X^{(1)}(k-1)}{2}$$

得到

$$\frac{dX^{(1)}}{dt}\bigg|_{t=k} - \frac{dX^{(1)}}{dt}\bigg|_{t=k-1} + u_1 (X^{(1)}(k) - X^{(1)}(k-1)) + u_2 \frac{X^{(1)}(k) + X^{(1)}(k-1)}{2} = u_3 \tag{4-20}$$

利用一阶差商代替微商的办法,得到

$$\frac{dX^{(1)}}{dt}\bigg|_{t=k} = X^{(1)}(k) - X^{(1)}(k-1)$$

$$\frac{dX^{(1)}}{dt}\bigg|_{t=k-1} = X^{(1)}(k-1) - X^{(1)}(k-2)$$

再注意到数列 $X^{(1)}$ 的一次累差与二次累差为

$$\frac{dX^{(1)}}{dt}\bigg|_{t=k} = X^{(1)}(k) - X^{(1)}(k-1) = a^{(1)}(X^{(1)}(k))$$

$$\left.\frac{\mathrm{d}X^{(1)}}{\mathrm{d}t}\right|_{t=k} = a^{(1)}(X^{(1)}(k)) - a^{(1)}(X^{(1)}(k-1)) = a^{(2)}(X^{(1)}(k))$$

故式（4-20）变为

$$a^{(2)}(X^{(1)}(k)) + u_1 a^{(1)}(X^{(1)}(k)) + u_2 \frac{X^{(1)}(k) + X^{(1)}(k-1)}{2} = u_3 \quad (k=2, 3, \cdots, n) \tag{4-21}$$

令 $Y_n = (a^{(2)}(X^{(1)}(2)), a^{(2)}(X^{(1)}(3)), \cdots, a^{(2)}(X^{(1)}(n)))^T$

$$A = \begin{pmatrix} a^{(1)}(X^{(1)}(2)) & \dfrac{X^{(1)}(1)+X^{(1)}(2)}{2} & 1 \\ a^{(1)}(X^{(1)}(3)) & -\dfrac{X^{(1)}(2)+X^{(1)}(3)}{2} & 1 \\ \vdots & \vdots & \vdots \\ a^{(1)}(X^{(1)}(n)) & -\dfrac{X^{(1)}(n-1)+X^{(1)}(n)}{2} & 1 \end{pmatrix}$$

$$U = (u_1, u_2, u_3)^T$$

利用公式及最小二乘原则，有

$$AU = Y_n$$

即可求出 $U = (u_1, u_2, u_3)^T$。

3. GM（2，1）的求解

当其特征方程 $\lambda^2 + u_1 \lambda + u_2 = 0$ 的判别式 $\Delta = u_1^2 - 4u_2 > 0$ 时，可得两个实根：

$$\lambda_1 = \frac{-u_1 + \sqrt{\Delta}}{2}; \quad \lambda_2 = \frac{-u_1 - \sqrt{\Delta}}{2}$$

故而得到方程的通解为

$$X^{(1)}(t) = C_1 e^{\lambda_1 t} + C_2 e^{\lambda_2 t} + C_3 \tag{4-22}$$

其中：$C_3 = \dfrac{u_3}{u_2}$。

式（4-22）中 C_1、C_2 为待定参数，需通过初值条件求解。初值条件的确定有些困难，一般情形要给定 $X^{(1)}(0)$ 及 $\left.\dfrac{\mathrm{d}X^{(1)}}{\mathrm{d}t}\right|_{t=0}$ 的值。注意到 $X^{(1)}(0)$ 的值未知，给求解带来困难。

4. GM（2，1）精度检验

为了分析模型的可靠性，必须对模型进行诊断。目前较通用的诊断方法是对模型进行后验差检验，即先计算观察数据离差 s_1：

$$s_1^2 = \sum_{i=1}^{n}(x^{(0)}(i) - \overline{x})^2$$

$\overline{x} = \dfrac{1}{n}\sum_{i=1}^{n} x^{(0)}(i)$。

残差的离差 s_2：

$$s_2^2 = \frac{1}{n}\sum_{i=1}^{n}(q^{(0)}(i) - \overline{q})^2$$

$$q^{(0)}(t)=x^{(0)}(t)-\hat{x}^{(0)}(t)$$

$$\bar{q}=\frac{1}{n}\sum_{i=1}^{n}q^{(0)}(i)$$

后验比 $c=\frac{s_1}{s_2}$，小误差概率 $p=\{|q^{(0)}(t)-\bar{q}^{(0)}|<0.6745s_1\}$。

根据后验比 c 和小误差概率 p 对模型进行诊断，见表 4-2。当 $p\geqslant 0.95$ 和 $c\leqslant 0.35$ 时，模型可靠，这时可根据模型对系统行为进行预测。

表 4-2 灰色理论模型精度等级

精度等级	c	p
一级（好）	$\leqslant 0.35$	$\geqslant 0.95$
二级（合格）	$0.35<c\leqslant 0.45$	$0.80\leqslant p<0.95$
三级（勉强）	$0.45<c\leqslant 0.65$	$0.70\leqslant p<0.80$
四级（不合格）	>0.65	<0.7

4.1.7 GM (1, N) 模型

常见的灰色模型预测方法是 GM (1, 1) 模型，GM (2, 1) 模型同样存在局限性，所以许多学者提出了 GM (1, N) 模型来研究基坑的变形。

1. GM (1, N) 模型的建模机理

设基坑观测了 n 个彼此相关的监测点，共获得了 m 期的观测数据，观测原始序列记为

$$x_i^{(0)}(k) \quad (k=1,2,\cdots,m;\ i=1,2,\cdots,n) \tag{4-23}$$

一次累加生成序列（1-AGO）：

$$x_i^0(k)=\sum_{j=1}^{k}x_i^0(j)(k=1,2,\cdots,m;i=1,2,\cdots,n) \tag{4-24}$$

由于 n 个监测点相互影响，故建立相关的 n 元一阶常微分方程组：

$$\begin{cases} \dfrac{\mathrm{d}x_1^{(1)}}{\mathrm{d}t}=a_{11}x_1^{(1)}+a_{12}x_2^{(1)}+\cdots a_{1n}x_n^{(1)}+b_1 \\ \dfrac{\mathrm{d}x_2^{(1)}}{\mathrm{d}t}=a_{21}x_1^{(1)}+a_{22}x_2^{(1)}+\cdots a_{2n}x_n^{(1)}+b_2 \\ \vdots \\ \dfrac{\mathrm{d}x_n^{(1)}}{\mathrm{d}t}=a_{n1}x_1^{(1)}+a_{n2}x_2^{(1)}+\cdots a_{nn}x_n^{(1)}+b_n \end{cases} \tag{4-25}$$

式（4-25）写成矩阵微分的形式为

$$\frac{\mathrm{d}X^{(1)}}{\mathrm{d}t}=AX^{(1)}+B \tag{4-26}$$

其中：

$$A_{n\times n}=\begin{bmatrix} a_{11} & a_{12} & \cdots & a_{1n} \\ a_{21} & a_{22} & \cdots & a_{2n} \\ \vdots & \vdots & \vdots & \vdots \\ a_{n1} & a_{n2} & \cdots & a_{nn} \end{bmatrix},\ B=\begin{pmatrix} b_1 \\ b_2 \\ \vdots \\ b_n \end{pmatrix},\ X^{(1)}=\begin{pmatrix} X_1^{(1)} \\ X_2^{(1)} \\ \vdots \\ X_n^{(1)} \end{pmatrix}$$

用最小二乘法推导系数阵 A 的方法是对式（4-25）中任意第 i（$i=1,2,\cdots,n$）个方程进行研究，即：

$$\frac{\mathrm{d}x_i^{(1)}}{\mathrm{d}t}=a_{i1}x_1^{(1)}+a_{i2}x_2^{(1)}+\cdots+a_{in}x_n^{(1)}+b_i \tag{4-27}$$

对式（4-27）在区间 $[k-1,k]$ 上进行积分，有

$$x_i^{(1)}(k)-x_i^{(1)}(k-1)=x_i^{(0)}(k)a_{i1}\int_{k-1}^k x_1^{(1)}(t)\mathrm{d}t+\cdots+a_{in}\int_{k-1}^k x_n^{(1)}(t)\mathrm{d}t+b_i \tag{4-28}$$

式（4-28）右边的任一积分项，由梯形近似公式有

$$a_{iq}\int_{k-1}^k x_q^{(1)}(t)\mathrm{d}t=\frac{a_{iq}}{2}[x_q^{(1)}(k)-x_q^{(1)}(k-1)] \quad (q=1,2,\cdots,n) \tag{4-29}$$

对式（4-25）的微分方程组在 $[k-1,k]$ 上积分，有

$$\begin{cases} x_1^{(0)}(k)=\dfrac{a_{11}}{2}[x_1^{(1)}(k)-x_1^{(1)}(k-1)]+\cdots+\dfrac{a_{1n}}{2}[x_n^{(1)}(k)-x_n^{(1)}(k-1)]+b_1 \\ x_2^{(0)}(k)=\dfrac{a_{21}}{2}[x_1^{(1)}(k)-x_1^{(1)}(k-1)]+\cdots+\dfrac{a_{2n}}{2}[x_n^{(1)}(k)-x_n^{(1)}(k-1)]+b_2 \\ \quad\vdots \\ x_n^{(0)}(k)=\dfrac{a_{n1}}{2}[x_1^{(1)}(k)-x_1^{(1)}(k-1)]+\cdots+\dfrac{a_{nn}}{2}[x_n^{(1)}(k)-x_n^{(1)}(k-1)]+b_n \end{cases} \tag{4-30}$$

令

$$H_{(n+1)\times n}=\begin{bmatrix} a_{11} & a_{12} & \cdots & a_{1n} \\ a_{21} & a_{22} & \cdots & a_{2n} \\ \vdots & \vdots & \vdots & \vdots \\ a_{n1} & a_{n2} & \cdots & a_{nn} \\ b_1 & b_2 & \cdots & b_n \end{bmatrix}$$

$$K_{(m-1)\times(n+1)}=\begin{bmatrix} \overline{x}_1^{(1)}(2) & \overline{x}_2^{(1)}(2) & \cdots & \overline{x}_n^{(1)}(2) & 1 \\ \overline{x}_1^{(1)}(3) & \overline{x}_2^{(1)}(3) & \cdots & \overline{x}_n^{(1)}(3) & 1 \\ \vdots & \vdots & \vdots & \vdots & \vdots \\ \overline{x}_1^{(1)}(m) & \overline{x}_2^{(1)}(m) & \cdots & \overline{x}_n^{(1)}(m) & 1 \end{bmatrix}$$

$$Y_{(m-1)\times n}=\begin{bmatrix} x_1^{(0)}(2) & x_2^{(0)}(2) & \cdots & x_n^{(0)}(2) \\ x_1^{(0)}(3) & x_2^{(0)}(3) & \cdots & x_n^{(0)}(3) \\ \vdots & \vdots & \vdots & \vdots \\ x_1^{(0)}(m) & x_2^{(0)}(m) & \cdots & x_n^{(0)}(m) \end{bmatrix}$$

$$\overline{x}^{(1)}(k)=\frac{1}{2}x_i^{(1)}(k)+x_i^{(1)}(k-1), \quad \binom{i=1,2,\cdots,n}{k=2,3,\cdots,m}$$

则式（4-30）可写成矩阵形式：

$$Y=KH \tag{4-31}$$

对式（4-31）求最小二乘解，考虑到估值，写成

$$H=(K^\mathrm{T}K)^{-1}K^\mathrm{T}Y \tag{4-32}$$

此即未知参数的估值。

由积分生成变换原理,对式(4-26)变形并两边同乘e^{-At},有

$$e^{-At}\left(\frac{dX^{(1)}}{dt}-AX^{(1)}\right)=e^{-At}B \tag{4-33}$$

由于:

$$\frac{d}{dt}(e^{-At}x(t))=e^{-At}(-A)x(t)+e^{-At}\frac{d}{dt}x(t)=e^{-At}\left(\frac{d}{dt}x(t)-Ax(t)\right)$$

所以有

$$\frac{d}{dt}(e^{-At}X^{(1)})=e^{-At}B \tag{4-34}$$

把上式在区间$[t_0,t]$上积分,有

$$X^{(1)}(t)=e^{A(t-t_0)}[X^{(1)}(t_0)+A^{-1}B]-A^{-1}B \tag{4-35}$$

可见t_0可以取$X^{(1)}(k)$,$(k=1,2,\cdots,n)$中的任一值,显然取不同的值式(4-35)有不同的预测形式。如果参考 GM(1,1)模型k取为1,则预测公式为

$$X^{(1)}(t)=e^{A(t-1)}(X^{(1)}(1)+A^{-1}B)-A^{-1}B \tag{4-36}$$

将式(4-36)做一次累减生成,有

$$X^{(0)}(k)=X^{(1)}(k)-X^{(1)}(k-1) \tag{4-37}$$

当$k<m$时,$X^{(0)}(k)$为模拟值;$k=m$时,$X^{(0)}(k)$为滤波值;$k>m$时,$X^{(0)}(k)$为预测值。

2. GM(1,N)模型的精度检验

为了对模型拟合及预测的质量进行评价,必须对它的精度进行检验,检验方法有残差检验、关联度检验和后验差检验等。较常用的是后验差检验,过程如下:

残差序列为

$$\varepsilon_i(k)=x^{(0)}(k)-\hat{x}^{(0)}(k)(i=1,2,\cdots,n)$$

原始观测数据的平均值为

$$\overline{x}_i^{(0)}=\frac{1}{n}\sum_{k=1}^{m}x^{(0)}(k)(i=1,2,\cdots,n)$$

残差平均值为

$$\overline{\varepsilon}_i=\frac{1}{n}\sum_{k=1}^{m}\varepsilon_i(k)(i=1,2,\cdots,n)$$

原始观测数据序列方差为

$$S_{i_1}^2=\frac{1}{n}\sum_{k=1}^{n}(x_i^{(0)}(k)-\overline{x}_i^{(0)})^2(i=1,2,\cdots,n) \tag{4-38}$$

残差方差为

$$S_{i_2}^2=\frac{1}{n}\sum_{k=1}^{n}(\varepsilon_i(k)-\overline{\varepsilon}_i)^2(i=1,2,\cdots,n) \tag{4-39}$$

后验差的检验标为

$$C_i=\frac{S_{i_2}}{S_{i_1}},\ P_i=P_i\{|\varepsilon_i(k)-\overline{\varepsilon}_i|<0.6745S_{i_1}\} \tag{4-40}$$

总拟合方差为

$$D = \frac{\sum_{i=1}^{n}\sum_{k=1}^{m}\varepsilon_i^2(k)}{nm} \tag{4-41}$$

后验差预测精度等级划分见表 4-2。

4.2 BP 神经网络预测模型

人工神经网络预测模型是 20 世纪 80 年代产生并迅速发展的理论，是机器模拟人脑的一种方式，是构建在现代神经学研究成果上的人工智能。其优势在于它能够拟合多变量却不需要对输入变量做复杂的函数关系确定，利用现有的观测数据结果，进行样本训练，通过学习的方式来确定已存在的输入输出的非线性关系。神经网络是采用物理可实现的器件或通过计算机来模拟人脑中神经网络的某些结构与功能，并反过来应用于工程或其他领域。它由大量而简单的处理单元（神经元）广泛地相连接而形成复杂系统，具有很强的容错能力和学习功能。它不需要任何数学模型，只靠过去的经验来学习，本身具有的自适应性、非线性和容错性等特性特别适合于处理模糊的、非线性的、含有噪声的数据。可用于预测、分类、模式识别、非线性回归、过程控制等各种数据处理的场合，而且在大多数情况下，应用效果大大优于传统的数据处理方法，目前应用较多的是 BP 网络。

1986 年 Rumelhart Hinton 和 Williams 完整而简明地提出一种 ANN 的误差反向传播训练算法（简称 BP 算法），系统地解决了多层网络中隐含单元连接权的学习问题。由此算法构成的网络我们称为 BP 网络，BP 网络是前向反馈网络的一种，也是当前应用最为广泛的一种网络。

基坑变形受到众多不确定因素的影响，是个非线性过程，并且具有时空效应，因此可采用具有时间域的 BP 网络进行变形预测，通过利用前期监测数据来对后期变形进行预测。

4.2.1 BP 算法基本原理

误差反向传播算法（Back Propagation Arithmetic），其基本思想是最小二乘法。它采用梯度搜索技术，使网络的实际输出值与期望输出值的误差均方值为最小。BP 算法的学习过程由信息的正向传播和误差的反向传播组成。输入信息从输入层经隐含层逐层处理后传向输出层，每层神经元（节点）的状态只影响下一层神经元的状态。当输出层不能得到期望的输出时，则转入反向传播，将误差信号沿着原来的连接通路返回，通过修改各层神经元的连接权值和闭值，使误差函数沿着负梯度方向下降，最终达到实际输出值与期望输出值之间的误差最小。

BP 算法的引入对神经网络来说具有深远的意义，使得神经网络可以更好地贴近实际，能帮助人们解决很多实际的问题。其主要特点如下：

（1）BP 算法利用非线性的数学模型来描述输入和输出之间的关系，并且可以使系统误差达到要求的精度。

（2）实现输入和输出之前的非线性映射。BP 网络可实现从输入空间到输出空间的非线性映射，即 n 维的输入对应 m 维的输出。

（3）全局逼近网络。

(4) 泛化能力。泛化能力是 BP 网络一个十分重要的特点，即可以通过反复训练，使其能够在处理没有接触到的样本时也能给出合适的输出，这也是 BP 网络能够运用在基坑变形预测的原因。

BP 网络模型是神经网络的重要模型之一，运用在很多不同的领域，但是它也存在一些不足之处。

(1) 传统 BP 学习算法的收敛速度较慢，需要迭代很多次才能得到满意的结果。
(2) 学习因子 η 和记忆因子 α 没有一种选择的规则。
(3) BP 网络对初值的要求很高，初值的波动程度会影响 BP 网络的工作能力。
(4) 网络隐层节点个数都是凭借个人经验进行选取的，没有系统的方法理论进行指导。
(5) 非线性优化问题，会存在局部极小点。

4.2.2 BP 神经网络的结构

基于 BP 算法的神经网络结构如图 4-1 所示。

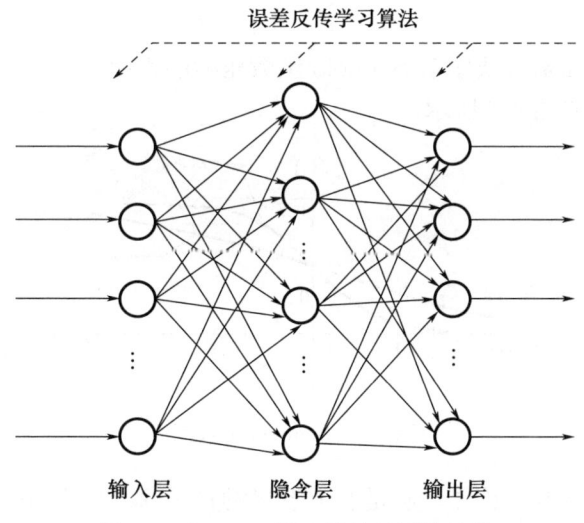

图 4-1 基于 BP 算法的神经网络结构

这种网络不仅有输入层节点、输出层节点，而且有一层或多层隐含节点，对于输入信息，要先向前传播到隐含层的节点上，经过各单元的激活函数（又称作用函数转换函数）运算后，把隐含节点的输出信息传播到输出节点，最后给出输出结果。网络的学习过程由正向和反向传播两部分组成。在正向传播过程中，每一层的神经元的状态只影响下一层神经元网络。

图 4-1 中，输入层由 n 个神经元组成，x_i（$i=1, 2, \cdots, n$）表示其输入，也就是该层的输出；隐层由 q 个神经元组成，z_k（$i=1, 2, \cdots, q$）表示隐层的输出，输出层由 m 个神经元组成，y_j（$i=1, 2, \cdots, m$）表示其输出。用 v_{ki}（$k=1, 2, \cdots, q$；$i=1, 2, \cdots, n$）表示从输入层到隐含层的连接权；用 w_{jk}（$j=1, 2, \cdots, m$；$k=1, 2, \cdots, q$）表示隐含层到输出层的连接权。

隐层与输出层神经元的操作特性表示为：

(1) 隐层：

输入（含阈值θ_k）：

$$s_k = \sum_{i=0}^{n} v_{ki} x_i \quad (4\text{-}42)$$

输出：

$$z_k = f(s_k) \quad (4\text{-}43)$$

(2) 输出层：

输入（含阈值ϕ_j）：

$$s_j = \sum_{k=0}^{q} w_{jk} z_k \quad (4\text{-}44)$$

输出：

$$y_j = f(s_j) \quad (4\text{-}45)$$

激活函数（也称作用函数或转移函数）$f(s)$的设计为非线性的输入输出关系，一般选用式（4-46）形式的 Sigmoid 函数：

$$f(s) = \frac{1}{1+e^{-\lambda s}} \quad (4\text{-}46)$$

式（4-46）中，系数λ决定着 Sigmoid 函数压缩的程度。Sigmoid 函数图如图 4-2 所示。

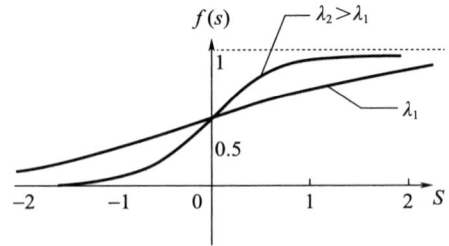

图 4-2 Sigmoid 函数图

Sigmoid 函数的特点：首先，它是有上下界的；其次，它是单调变化的；最后，它是连续光滑的，也就是连续可微的。它可使同一网络既能处理小信号，也能处理大信号，因为该函数中区的高增益部分解决了小信号需要高放大倍数的问题；而两侧的低增益区正好适于处理大的净输入信号。这正像生物神经元在输入电平范围很大的情况下也能正常工作一样。

4.2.3 BP 算法推导以及学习步骤

BP 网络的学习算法采用的是 Delta 学习规则，即基于使输出方差最小的思想而建立的规则。

设共有p个模式对（一组输入和一组目标输出组成一个模式对），当第p个模式对作用时，输出层的误差函数定义为

$$E_p = \frac{1}{2} \sum_{j=1}^{m} (y_{jp} - t_{jp})^2 \quad (4\text{-}47)$$

式（4-47）中，$(y_{jp}-t_{jp})^2$ 为输出层的第 j 个神经元在模式 p 作用下的实际输出与期望输出 t_{jp} 之差的平方。

对 p 个模式进行学习，其总的误差为

$$E = \sum_{p=1}^{p} E_p = \frac{1}{2}\sum_{p=1}^{p}\sum_{j=1}^{m}(y_{jp}-t_{jp})^2 \tag{4-48}$$

对任意两个神经元之间的连接权 w_{ij}，其值的修正依据应是使误差 E 减小。根据梯度下降原理，对每个 w_{ij} 的修正方向为 E 的函数梯度的反方向：

$$\Delta_{w_{ij}} = -\sum_{p=1}^{p}\eta\frac{\partial E}{\partial_{w_{ij}}} \tag{4-49}$$

式中 η——学习步长，又称学习率。

具体学习算法的解析式为

$$\Delta_E = \sum_{p=1}^{p}\sum_{ij}\frac{\partial E}{\partial_{w_{ij}}}\Delta_{w_{ij}} \tag{4-50}$$

对输出层：

$$\Delta_{w_{ij}} = -\eta\frac{\partial E_p}{\partial_{w_{ij}}}(k=1,2,\cdots,q;j=1,2,\cdots,m) \tag{4-51}$$

$$\frac{\partial E_p}{\partial_{w_{ij}}} = \frac{\partial E_p}{\partial s_j}\cdot\frac{\partial s_j}{\partial_{w_{ij}}}$$

我们定义：

$$E_p = \frac{1}{2}\sum_{j=1}^{m}(y_{jp}-t_{jp})^2 \tag{4-52}$$

把式（4-52）代入式（4-51）有：

$$\partial_{yi} = (t_j - y_j)\,f'_y(s_j) \tag{4-53}$$

称为误差信号项。

又有

$$\frac{\partial_{s_j}}{\partial_{w_{jk}}} = \frac{\partial\left(\sum_{k=0}^{q}w_{jk}z_k\right)}{\partial_{w_{jk}}} = z_k \tag{4-54}$$

于是得

$$\frac{\partial E_p}{\partial_{w_{jk}}} = \frac{\partial E_p}{\partial s_j}\cdot\frac{\partial_{s_j}}{\partial_{w_{jk}}} = -\delta_{yj}z_k \tag{4-55}$$

对输出层：

$$\Delta_{w_{jk}} = -\eta\frac{\partial E_p}{\partial_{w_{jk}}} = \eta\delta_{yj}z_k = \eta(t_j-y_j)z_k f'_{yj}(s_j) \tag{4-56}$$

同理，对隐含层进行推导，有

$$\Delta_{v_{ki}} = \eta\delta_{zk}x_i \tag{4-57}$$

$$\delta_{zk} = -\frac{\partial E_p}{\partial s_k}$$

δ_{zk} 的推导不同于 δ_{yj}，因为输出层的 j 单元的输入 s_j，只影响单元 j 的输出；隐层却不一样，隐层单元 k 的输入 s_k 影响 E_p 的每一组分量，因为 k 单元的输出连接着输出层

的所有单元。具体推导如下：

$$\delta_{zk} = -\frac{\partial E_p}{\partial s_k} = -\frac{\partial E_p}{\partial z_k}\frac{\partial z_k}{\partial s_k} \quad (4\text{-}58)$$

$$\frac{\partial E_p}{\partial z_k} = \frac{\partial}{\partial z_k}\left(\frac{1}{2}\sum_{j=1}^{m}(y_{jp}-t_{jp})^2\right) = \sum_{j=1}^{m}(y_j-t_j)\frac{\partial y_i}{\partial z_k} \quad (4\text{-}59)$$

$$\frac{\partial y_i}{\partial z_k} = \frac{\partial y_i}{\partial s_j} \cdot \frac{\partial s_j}{\partial z_k} = f'_y(s_j)\frac{\partial s_j}{\partial z_k} \quad (4\text{-}60)$$

把式（4-60）代入式（4-59）得

$$\frac{\partial E_p}{\partial z_k} = \sum_{j=1}^{m}(y_j-t_j)f'_y\frac{\partial s_j}{\partial z_k} \quad (4\text{-}61)$$

又有

$$\frac{\partial s_j}{\partial z_k} = \frac{\partial\left(\sum_{k=0}^{q}w_{jk}z_k\right)}{\partial z_k} = w_{jk} \quad (4\text{-}62)$$

所以：

$$\frac{\partial E_p}{\partial z_k} = \sum_{j=1}^{m}(y_j-t_j)f'_y(s_j)w_{jk} \quad (4\text{-}63)$$

$$\frac{\partial z_k}{\partial s_k} = f'_z(s_k) \quad (4\text{-}64)$$

由上面两式得到隐含层的误差信号项：

$$\delta_{zk} = -\frac{\partial E_p}{\partial z_k}\frac{\partial z_k}{\partial s_k} = -\sum_{j=1}^{m}(y_j-t_j)f'_y(s_j)w_{jk}f'_z(s_k) \quad (4\text{-}65)$$

前面我们得到输出层的误差信号项：

$$\delta_{yj} = (t_j-y_j)\,f'_y(s_j)$$

代入式（4-65）得到

$$\delta_{zk} = \left[\sum_{j=1}^{m}\delta_{yj}w_{jk}\right]f'_z(s_k) \quad (4\text{-}66)$$

把式（4-53）代入式（4-66）得到隐含层的权值调整公式：

$$\Delta_{v_{ki}} = \eta\left[\sum_{j=1}^{m}\delta_{yj}w_{jk}\right]f'_z(s_k)x_i \quad (4\text{-}67)$$

当神经元的作用函数取 Sigmoid 函数时，隐含层作用函数的导数项为

$$f'_z(s_k) = \left(\frac{1}{1+e^{-\lambda s}}\right)' = \lambda\frac{e^{-\lambda s_k}}{(1+e^{-\lambda s})^2} \quad (4\text{-}68)$$

把 $z_k = f_z(s_k) = \dfrac{1}{1+e^{-\lambda s_k}}$ 代入上式可以得到

$$f'_z(s_k) = \lambda z_k(1-z_k) \quad (4\text{-}69)$$

同理，可以得到输出层作用函数导数项：

$$f'_y(s_j) = \lambda y_j(1-y_j) \quad (4\text{-}70)$$

把式（4-69）、式（4-70）分别代入式（4-53）和式（4-67），则不需要复杂的微分过程，就可以直接求出隐含层以及输出层权值的调整量。

输出层：
$$\Delta_{w_{jk}} = \lambda\eta\ (t_j - y_j)\ z_k y_j\ (1 - y_j) \tag{4-71}$$

隐含层：
$$\Delta_{w_{jk}} = \lambda\eta\left[\sum_{j=1}^{m}\delta_{yj}w_{jk}\right]z_k(1-z_k)x_i \tag{4-72}$$

Rumelhart 等人为 BP 神经网络设计了依据反向传播的误差来调整神经元连接权的学习算法，有效地解决了多层神经网络的学习问题。

这里，权的修正是采用批处理的方式进行的，也就是在所有样本输入后，计算其总的误差，然后根据误差来修正权值。采用批处理可以保证其 E 向减小的方向变化，在样本数较多时，它比分别处理的收敛速度快。

在 BP 网络中，信号正向传播与误差逆向传播的各层权矩阵的修改过程是周而复始地进行的。权值不断修改的过程也就是网络的学习（或称训练）过程。此过程一直进行到网络输出的误差逐渐减小到可接受的程度或达到设定的学习次数为止。

学习完成后，网络可进入工作阶段。当待测样本输入到已学习好神经网络输入端时，根据类似输入产生类似输出的原则，神经网络按内插或外延的方式在输出端产生相应的映射。

4.2.4　BP 神经网络存在的问题

基于 BP 算法的神经元网络从运行过程中的信息流向来看，是前馈型网络。这种网络仅通过许多具有简单处理能力的神经元的复合作用使网络具有复杂非线性映射能力而没有反馈，因此它不属于一个非线性动力学系统，而只是一个非线性映射。尽管如此，由于它理论上的完整性和广泛的应用性，仍然有重要的意义，却也存在不少问题。

（1）已学习好的网络泛化（推广）问题，即能否逼近规律和对于大量未经学习过的输入矢量能否正确处理，并且网络是否具有一定的预测能力。

（2）存在不少局部最小点，在某些初始权值的条件下，算法的结果会陷入局部最小。虽然许多情况下，一个局部极小的结果就可以满足我们大多数工作的需要，但是在某些情况下，某个局部极小点可能造成学习结果距离目标值太远，而导致学习完全失败。

（3）学习率大小的选择，直接影响训练时间，严重时完全不能训练，一般来说要根据试验或经验来确定，还没有一个理论指导。

（4）学习算法的计算量随着网络规模的增加而迅速加大，同时学习步数大大增加，导致收敛速度很慢。

（5）网络的隐含节点个数的选取尚缺少统一而完整的理论指导，没有很好的解析式来表示。

4.2.5　BP 网络的改进

传统的 BP 网络采用梯度下降算法，虽然具有很强的非线性映射能力，且网络的中间层数、各层的处理单元数及网络的学习系数等参数可以根据具体情况任意设定，灵活性较大。其也有一些缺点：学习收敛速度太慢；不能保证收敛到全局最小点，误差较大。

针对上述缺点，以附加动量项为基础算法，即利用式（4-74）：

$$W_{ij}(N+1) = \beta w_{ij}(N) + \eta e_i^k a_i^k \quad 0<\beta<1, \ 0<\eta<1 \tag{4-73}$$

式（4-73）中，第一项称为动量项，β 称为动量因子；通过引入动量-自适应速率法、动量-可调激活函数法、动量-自适应速率-可调激活函数法等三种方法对学习算法进行改进，以加快算法的收敛速度，提高算法的学习精度。

1. 动量-自适应速率法

附加动量项能使权值的调整趋于平滑稳定，可以找到更优的解，而自适应学习速率可以缩短训练时间，其具体思路如下：先设一初始步长，检查权值修正后是否降低了误差函数。若是，则说明学习速度低，应增大学习速度；若不是，则说明学习速度过高，应减小学习速度。这里采用如下自适应学习速率的调整式：

$$\eta(k+1) = \begin{cases} 1.05\eta(k) & E(k+1) < E(k) \\ 0.7\eta(k) & E(k+1) > 1.04E(k) \\ \eta(k) & \text{其他} \end{cases}$$

把调整式结合起来运用于权值修正中，调整各参数的值。

2. 动量-可调激活函数法

把附加动量项和可调激活函数结合起来优化网络结构，附加动量项能使权值的调整平滑稳定，激活函数的改变有利于精确性的提高，这里采用如下 Sigmoid 函数：

$$S_{a,\theta,\lambda}(x) = \frac{1}{1+e^{\frac{x-\theta}{\lambda}}} + a \tag{4-74}$$

式中　a——偏移参数；
　　　θ——阈值；
　　　λ——陡度因子。

显然，此函数比 Sigmoid 函数具有更丰富的非线性表达能力，参数 a 和 θ 决定函数的垂直和水平位置，λ 决定函数的形状。

3. 动量-自适应速率-可调激活函数法

把附加动量项、自适应学习速率和可调激活函数三种方法结合起来训练网络，由于附加动量项对权值的调整起缓冲作用，自适应学习速率加快网络优化的速度，Sigmoid 函数具有丰富的非线性表达能力。这种方法也可以优化 BP 算法，加快网络收敛速度，提高网络训练的精度。

4.3　灰色系统-BP 神经网络组合预测模型

4.3.1　传统模型优缺点分析

灰色 GM（1，1）模型的优点是根据少量的实测数据就可得出未来短期内较为精确的预测数值，但其相比 BP 神经网络而言，明显的缺点是在模型建立时预测误差不可控制（残差模型也只是对误差的机械调整），在进行中长期预测时精度不理想。

BP 神经网络的自适应学习功能突出、容错能力强、误差可控制等优点使得其预测的精度较高，但反复的自我学习使得 BP 神经网络对已知监测数据的需求量较大。

如果能将 GM（1，1）模型和 BP 神经网络两者相融合，发挥其各自的优势，就有可能实现在已知监测数据量较少的情况下，预测结果依然保持较高的精度且误差可控。

4.3.2 灰色-BP 神经网络模型建立的意义

灰色系统的优势在于可以通过已经掌握的信息来预测其未知的领域，从而达到对系统的全面认识。所以灰色系统理论的研究对象就是那些尚未被完全认知的事物，即部分信息已知、部分信息未知的系统。灰色系统对于样本的要求较低，不需要大量的样本甚至对样本的分布也没有特别的要求，利用微分方程建立模型，用最小二乘算法求解参数。经过对灰色系统方法建模过程分析，可以知道灰色系统模型在具有众多优点的同时，也存在本身不可避免的缺点：

（1）将 GM（1，1）模型对平滑序列和波动序列的预测成果进行比较可以发现，GM（1，1）模型用于平滑序列预测的效果会更好，如果序列中存在突变或者特发情况，预测效果就没有那么理想了，这也是灰色系统中引入多种算子对原始序列进行平滑处理的原因。

（2）GM（1，1）构建是基于微分方程，利用已知数据序列来构建时间序列的指数方程数学模型，它的建模原理决定了该模型的优势及缺点。GM（1，1）模型对信息的处理能力、非线性拟合能力及误差处理能力都很差，而且计算复杂，且没有考虑误差的反馈调整问题，计算精度难以得到保障。所以进行优化或者与其他的模型结合使用是有必要的。

BP 网络的学习能力、计算能力和误差校正能力都是毋庸置疑的，它通过反复的学习、训练在理论上可以满足任何条件下的非线性映射，同时 BP 网络还具有并行处理的特征，有很强的自组织和自适应能力。和灰色系统理论不同，BP 网络的映射规则是不可见和难以科学地进行解释的，神经网络忽略了人们已经掌握的确定信息，因此用来处理自身隐含规律的确定性信息是不利的。BP 网络的非线性映射需要大量的样本和充分的学习才能实现。

在现实世界中，信息不完全系统和学习样本少的问题是普遍存在的，样本信息不足会导致 BP 网络的学习不充分，这样就无法得到稳定、理想的内部结构包括连接权值。神经网络不区分黑色和灰色信息，它将所有的系统都视为黑色的，通过大量样本的训练来实现非线性复杂问题的求解，就如动物的条件反射一样，在实现黑到白映射的过程中，忽略了确定信息的应用和灰色问题的动力学特征。

人工神经网络具有很好的自适应性、非线性拟合能力以及误差纠正能力，但是这些能力的实现是建立在海量的数据和信息的基础上的，如果没有充分的数据来训练神经网络，它的输出将失去意义，如果训练的数据不具备广泛性和代表性，神经网络的泛化能力也会大大削弱，而神经网络的这些要求在实际工程中难以满足。另外，在样本不足的情况下，神经网络难以掌握系统的发展趋势，因为系统中存在特殊数据点，这些点会对正常数据的学习造成干扰，使得正常信息被湮没。

灰色系统理论处理不确定系统的思路是利用相关的算子来弱化灰色数据序列的随机性，然后建立数学模型来反映该序列可能的变化状态和发展过程。

灰色系统对数据的要求低，能够处理很多日常生活和工程中出现的小样本数据，这点可以弥补神经网络样本需求大的弱点，同时灰色系统利用相关的算子来弱化灰色数据序列的随机性，可以避免神经网络特殊数据点的学习对预测结果造成的影响。所以从理论上讲，结合了灰色系统和神经网络两者优点而建立的灰色神经网络模型预测效果会更好。

4.3.3 灰色-BP神经网络组合模型

对 GM（1，1）模型采用残差修正，只是利用单个序列之间的关系进行一定的改进，若采用多个序列进行残差修正，则需分别建立多个模型，且它们之间是相互独立的，分别对多个序列数据进行预测往往会忽略其中的联系。

灰色系统-BP 神经网络组合预测模型简称灰色神经网络，就是将灰色系统方法与神经网络方法有机地结合起来，对复杂的不确定性问题进行求解所建立的模型。它是基于利用灰色系统处理"小样本""贫信息"等不确定性系统有较高精度的优势与神经网络具有的并行计算、分布式信息存储、容错能力强、自适应学习功能等优点相结合的思想而建立的。对灰色系统和神经网络的研究发现，灰色系统和神经网络是可以结合的，两种方法各有所长。利用这种联合模型进行预测时，计算量小，在少样本情况下也能达到较高的精度，以及误差可以控制。

4.3.4 灰色系统与 BP 神经网络的关系

灰色系统是指信息部分明确、部分不明确的系统，其中包括元素信息不完全、结构信息不完全、关系信息不完全、运行的行为信息不完全。由其定义可知灰色系统的信息结构可分为确定性信息与不确定性信息。

在神经网络中，输入信息前向传播到隐层节点，经过作用函数后，再把隐节点的信息传播到输出层节点，最后输出结果。如果在输出节点得不到预期的结果，则转入反向传播，将误差信息沿原来的连接通路返回，通过修改各层神经元权值，使得误差最小。

考查神经网络的输出，对于系统而言，其输出结果可以以某个精度逼近于一个固定的值，但是由于误差的存在，输出结果会以某个值为中心上下波动。可以用 $u(x)$ 来表示，其中，x 表示期望的输出；按照灰色系统理论中灰数的定义，BP 网络的输出实际上是灰数。

由此可知，神经网络本身就包含有灰色内容。因此，可以用灰色系统的理论来考察神经网络，同时也可以用神经网络技术来研究灰色系统。

4.3.5 灰色 BP 神经网络组合模型的建立

灰色 BP 神经网络是灰色系统和神经网络串联型组合模型，即首先应用单纯的GM（1，1）模型进行预测，然后用灰色系统的预测结果作为 BP 神经网络的输入样本值（学习样本），用实测值作为网络的目标样本值，通过对神经网络的训练，得出用于预测的神经网络。在此组合模型中，BP 网络的输入层单元设置为 3 个，即用第 n 天、第 $n+1$ 天、第 $n+2$ 天的灰色系统模型预测数据作为输入，预测第 $n+3$ 天的变形值。由此可知，网络只有 1 个输出，输出层采用线性传输函数，由此可以输出任意值。隐层节点数选用方式同单独采用 BP 神经网络进行预测相同，取 8~13 个，实际数目通过试算确定。其具体建模步骤如下：

(1) 用训练样本中的原始数据组成数列，用于 GM（1，1）模型预测。

(2) 将 GM（1，1）模型的预测结果组成数据序列 P 作为 3 层 BP 神经网络的输入序列；取对应的原始监测数据组成数据序列 T 作为神经网络的输入向量目标值，进行网络训练。

(3) 继续用 GM（1，1）模型对检测样本进行预测，将预测结果作为输入，利用第(2)步中已训练好的神经网络进行预测，所得预测结果即为本次灰色神经网络组合模型的预测结果，并且该结果可与检测样本中实测值进行比对检验。

4.4 时间序列预测模型

4.4.1 概述

时间序列预测是将某种统计指标的数值，按时间先后顺序排列所形成的数列。通常数据是一组对于某一变量连续时间点或连续时间段上的观测值。时间序列预测就是根据数据所反映出来的发展过程、方向和趋势，进行类推或延伸，借以预测下一段时间或若干年内可能达到的水平。

4.4.2 时间序列预测基本特征

(1) 时间序列分析法。

① 事情的过去会延续到未来这个假设前提包含两层含义；

② 不会发生突然的跳跃变化，是以相对小的步伐前进；

③ 过去和当前的现象可能表明现在和将来活动的发展变化趋向。

注：时间序列分析法对短期、近期的预测比较显著。

(2) 时间序列数据变动存在着规律性和不确定性。

① 趋势性：某个变量随着时间进展或自变量变化，呈现一种比较缓慢而长期的持续上升、下降、停留的同性质变动趋向，但变动幅度可能不等。

② 周期性：某因素由于外部影响随着自然季节或时段的交替出现高峰与低谷的规律。

③ 随机性：个别为随机变动，整体呈统计规律。

④ 综合性：实际变化情况一般是几种变动的叠加或组合。预测时一般设法过滤除去不规则变动，突出反映趋势性和周期性变动。

4.4.3 时间序列预测技术方法

这里主要介绍平均预测法。平均预测法属于平稳时间序列的预测方法，可分为简单平均法和移动平均法。

(1) 简单平均法：以一定时期内观察值的算术平均值作为下期预测值的预测方法。这种方法适用于区域平稳的时间序列的短期预测，计算公式为

$$\bar{x} = \frac{1}{n}\sum_{t=1}^{n} x_t \tag{4-75}$$

该方法的缺点是只反映出波动的平均化，不能反映预测对象的变化趋势。

（2）移动平均法：分为简单移动平均法和趋势移动平均法。具体思路如下：根据时间序列资料逐项推移，依次计算包含一定项数的序时平均值，以反映长期趋势的方法。因此，当时间序列的数值由于受周期变动和随机波动的影响，起伏较大，不易显示出事件的发展趋势时，使用移动平均法可以消除这些因素的影响，显示出事件的发展方向与趋势（趋势线），然后依趋势线分析预测序列的长期趋势。

① 简单移动平均法：

设有一时间序列 y_1，y_2，…，y_t，…，则按数据点的顺序逐点推移求出 N 个数的平均数，即可得到一次移动平均数：

$$M_t^{(1)}=\frac{y_t+y_{t-1}+\cdots+y_{t-N+1}}{N}=M_{t-1}^{(1)}+\frac{y_t-y_{t-N}}{N}, \quad t \geqslant N$$

式中　$M_t^{(1)}$——第 t 周期的一次移动平均数；

　　　y_t——第 t 周期的观测值；

　　　N——移动平均项数，即求每一移动平均数使用的观察值的个数。

公式表明，当 t 向前移动一个时期时，就增加一个新近数据，去掉一个远期数据，就得到一个新的平均数。由于移动平均数可以平滑数据，消除周期变动和不规则变动的影响，使得长期趋势显示出来，因而可以用于预测。其预测公式为

$$\hat{y}_{t+1}=M_t^{(1)} \tag{4-76}$$

即以第 t 周期的一次移动平均数作为第 $t+1$ 周期的预测值。

② 趋势移动平均法：

当时间序列没有明显的趋势变动时，使用一次移动平均就能准确地反映实际情况，直接用第 t 周期的一次移动平均数就可以预测第 $t+1$ 周期值。但当时间序列出现线性变动趋势时，用一次移动平均数来预测就会出现滞后偏差，因此需要进行修正。修正的方法是在一次移动平均的基础上再做二次移动平均，利用移动平均滞后偏差的规律找出曲线的发展方向和发展趋势，然后才建立直线趋势的预测模型。故称为趋势移动平均法。

$$M_t^{(2)}=\frac{M_t^{(1)}+M_{t-1}^{(1)}+\cdots+M_{t-N+1}^{(1)}}{N}=M_{t-1}^{(1)}-\frac{M_{t-N}^{(1)}}{N}$$

再设时间序列 y_1，y_2，…，y_t，…从某时期开始具有直线趋势，且认为未来时期也按此直线趋势变化，则可设此直线预测模型为

$$\hat{y}_{t+T}=a_t+b_t T \tag{4-77}$$

式中　t——当前时期数；

　　　T——当前时期数 t 到预测期的时期数，即 t 以后模型外推的时间；

　　　$\hat{y}_{t+T}$——第 $t+T$ 期的预测值；

　　　a_t——截距；

　　　b_t——斜率。

a_t、b_t 又称为平滑系数。

根据移动平均值可得截距 a_t、b_t 的计算公式为

$$a_t=2M_t^{(1)}-M_t^{(2)}, \quad b_t=\frac{2}{N-1}\left(M_t^{(1)}-M_t^{(2)}\right) \tag{4-78}$$

在实际应用移动平均法时,移动平均法数 N 的选择十分关键,它取决于预测目标和实际数据的变化规律。

4.5 预测模型对比分析与选择

4.5.1 预测模型对比分析

(1) 灰色系统模型:由于基坑变形受众多因素的影响,变形是众多因素共同作用的结果,很难确定某一原因或因素在其中所起的确切作用。因此,将基坑视作一个系统,采用体现综合因素的现场位移监测数据进行预测具有实际意义。灰色理论认为,部分信息已知、部分信息未知的系统为灰色系统,系统的行为现象尽管是朦胧的,数据是杂乱的,但它是有序的,具有整体功能,杂乱无章的数据后面必然潜藏着内在规律,通过科学的处理,可以找出其规律性,这就为基坑变形预测奠定了理论基础,可以通过建立位移灰色预测动态模型进行未来变形预测。灰色系统中应用最多的是 GM(1,1)模型,在岩土工程中已有应用。该模型所用数列为经过一次累加生成处理后的数据列,累加生成处理的目的在于减弱数据列随机性,提高其内在规律。

GM(1,1)模型是灰色系统模型群的一个基础模型,因为其优点被广泛应用于科学、工程等领域。其存在着很多缺陷,GM(1,1)的应用范围主要在于准指数律的单调系统的建模,后来许多研究从不同的方面进行了改进,如初值的选取、光滑性的改进等,但是基本上还是局限于单调系统。但是现实生活结构复杂,不可能仅局限在单调系统,而 GM(1,1)对于非单调系统的应用并不完善,模拟和预测的精度并不理想。因此,针对非单调系统产生的振荡序列,各方一直努力寻找可以提高其模拟和预测结果的方法。后为改进 GM(1,1)模型在精度和使用上的局限性,出现了离散的 GM(1,1)模型,解决了纯指数模拟的特殊情况,精度上有大幅度提高。

GM(2,1)模型在处理数据方面应用效果良好,其优势如下:一是可以减少数据列的不稳定性,增加其规律性;二是数据列是不断变化的,可以对其态势进行调整。GM(2,1)模型是二阶方程模型,具有两个特征根,因此可以丰富地动态地反映出单调的、非单调的或摆动的(振荡的)等多种情况,可以很好地解决 GM(1,1)模型在拟合和预测精度上的问题。

(2) 回归分析模型:通过分析所观测的外因(原因量)和变形(效应量)之间的相关性,来建立荷载-变形之间关系的数学模型。它是一种静态的数据处理方法,属于经验模型,具有"后验"性质,是目前比较广泛的变形成因分析法,需长时间序列监测数据才能取得较好的预测效果。常用分析方法有一元回归分析、多元回归分析和逐步回归分析等。回归分析模型需要大量的监测数据,且局限于用差分方程来建立离散的随机模型,不便于描述系统变化过程的本质和内在规律。对于基坑工程,变形影响因素复杂,物理机制的模糊性以及参数的多变和不确定性,使得在使用该方法时过分概化,降低了实用价值,难以提供及时可靠的分析结果。

(3) 时间序列分析模型:是基于统计方法构建的一种模型,它擅长于描述历史数据随时间变化的规律,是一种动态的数据处理方法。它能对现有数据进行分析,达到预测未来变化的趋势问题。时间序列分析主要采用参数模型，作为纯数学工具引入岩土工程，缺乏对岩土工程物理意义上的把握，若时间序列分析方法建模与岩土工程的物理意义相结合，充分发挥时间序列分析对数据的预测和过滤功能，对于把工程经验上升到理论高度将具有一定的作用。基坑变形体系是一个复杂的体系，鉴于时间序列为一种数学上的统计方法，由于其外推时间不能过长，对中长期预报的应用还有待研究解决。因此在应用时还要与其他的方法相互校正，以确保基坑围护的可靠和安全。

（4）卡尔曼滤波模型：是一种递推式的滤波算法。它的优势是能对动态系统进行实时数据处理，由卡尔曼（Kalman）等人在20世纪60年代提出。模型的建立需要有足够多的复测数据作为支撑，对状态参数的选择十分重要，如点的运动速率或加速率、位置参数、外界因素的影响参数等一般情况下都要选择。它是一种状态估计，原因是卡尔曼滤波对所有观测向量估计都是随着时间而进行不断变化的状态，滤波时既在不断预报，又在不断修正。

（5）人工神经网络模型：是20世纪80年代产生并迅速发展的理论，是机器模拟人脑的一种方式，是构建在现代神经学研究成果上的人工智能。其优势在于能够拟合多变量却不需要对输入变量做复杂的函数关系确定，利用现有的观测数据结果进行样本训练，通过学习的方式来确定已存在的输入输出的非线性关系。神经网络是采用物理可实现的器件或通过计算机来模拟人脑中神经网络的某些结构与功能，并反过来应用于工程或其他领域。它由大量而简单的处理单元（神经元）广泛地相连接而形成复杂系统，具有很强的容错能力和学习功能。它不需要任何数学模型，只靠过去的经验来学习，本身具有的自适应性、非线性和容错性等特性，特别适合于处理模糊的、非线性的、含有噪声的数据，可用于预测、分类、模式识别、非线性回归、过程控制等各种数据处理的场合。同时在大多数情况下，应用效果大大优于传统的数据处理方法，目前应用较多的是BP网络。

（6）小波分析模型：源于傅里叶分析，同时也是对傅里叶分析的发展和超越。小波变换在现代来讲是一个比较新的时频的局部分析方法，能从强噪声干扰中提取微弱特征信息，剔除无用噪声，通过一系列运算功能对信号的分析处理使我们得到想要的预报结果。基坑的变形过程，可以看成是一种随时间、空间变化的信号变化过程。相应地，对于基坑变形的分析，可归结为对于信号的分析。在变形监测过程中，所获得的监测数据由于受到仪器精度、人为观测和外界条件的影响，势必使结果中掺杂着各种误差，这些误差即为噪声。基坑监测中获得的各期数据之间的变化量很小，所以，如果数据中有噪声的大量存在，就一定会对基坑的变形分析造成影响。基坑监测所获得的观测值序列，通常呈现出一定的波动性，这是真实信号和噪声信息相互混杂造成的，我们可以把成果序列看成真实信号和噪声信号的集合，两者在时域和频域的性质是有所不同的。前者在时域和频域上都是局部化，表现出低频特性，而后者在时域内全局分布，在频域内表现为高频特性。基于这个特性，小波变换能够有效地运用到分离真实信号和噪声信号，实现消除噪声、获得更加真实的观测成果。小波变换的局部时频分析，能突出信号的细节，这个优势反映在基坑变形监测中，即能在很强的噪声干扰下，对变形体变形特征进行有效提取。特别是对于非平稳非线性的变形、弱信号、非等时间间隔观测等情况下的特征提取，有很好的效果。

4.5.2 预测模型选择

结合湿陷性黄土地区基坑变形的特点及各预测模型的假定条件、适用范围、预测效果等因素，对湿陷性黄土地区基坑水平位移预测可参考表 4-3 选用模型。

表 4-3　湿陷性黄土地区基坑水平位移预测模型

基坑支护类型		空间区域	预测模型
放坡支护		全部	神经网络
土钉支护	单一土钉墙	全部	神经网络
	复合土钉墙	全部	神经网络、灰色系统
支挡式结构	悬臂式支挡结构和双排桩支挡结构	坑角效应影响区域	神经网络
		平面应变区域、阳角	神经网络、灰色系统、时间序列
	锚拉式支挡结构	坑角效应影响区域	神经网络
		平面应变区域、阳角	神经网络、灰色系统、时间序列
	支撑式支挡结构	坑角效应影响区域	神经网络
		平面应变区域、阳角	神经网络、灰色系统、时间序列

5 湿陷性黄土地区基坑变形监测预警系统研究

5.1 软件系统设计

软件系统的设计模式有两种方式，即 C/S 模式和 B/S 模式。

在 C/S 模式中，应用分为服务器端和客户端两个部分，前者负责数据的管理，后者的工作是与用户进行交互。在结构上，C/S 模式体系结构分为两层，它的数据层分布于服务器端，而表示层和功能层则位于客户端。这样的架构使得客户端的任务比较多，过于繁重，所以将其称为"胖客户端"，而服务器端的工作则相对轻松，故被称作"瘦服务器"。C/S 模式架构如图 5-1 所示。

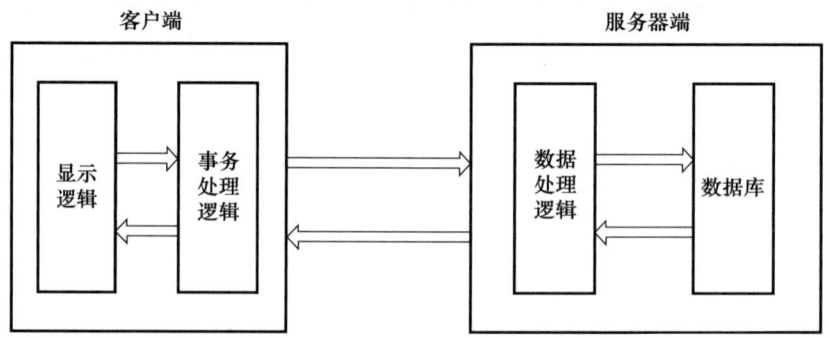

图 5-1 C/S 模式架构

C/S 模式有着自己独特的优势。首先，C/S 模式体系结构在事务处理和数据操作方面，功能非常强大，相应速度非常快。省略其他中间环节，服务器端和客户端的直接相连作用至关重要。其次，C/S 模式的针对性非常强。客户个性化的操作要求可以得到满足，因为客户端的操作界面设计非常具有针对性。再次，在文件和数据访问方面，此模式的优点在于较强的交互性。最后，在数据的完整性处理和安全性能等方面，C/S 模式也有着日趋成熟和完善的处理方式。

C/S 模式固然有着属于自己的优点，但是在其应用过程中，软件复杂程度越来越高，使用单位的规模也越来越大，相对于传统的 C/S 模式的缺点和不足也渐渐地表现出来。C/S 模式的主要缺点大概有几个方面。首先，C/S 模式的"胖客户端"特性提高了其对客户端软硬件的要求，再加之软件的接连升级，硬件也要求不断上升，最终导致了系统成本的增加。由于应用程序是由不同的开发工具进行开发的，所以导致很多平台之间不兼容，给移植造成了一定困难。用户界面风格的个性化和不统一性，使得数据库系统的推广遇到困难。当客户的应用程序需要升级的时候，由于每个用户端的应用程序都必须维护，故要到现场对其进行逐个升级，使得维护升级等事件非常麻烦。传统的管理信息系统都是事务处理型的,开发的初期就已经被确定下来,界面的设计也是随着数据库字段的解释进行的,对于档案信息和实时办公信息不能随时获取,用户只能看到简单的数字和枯燥的字符,致使信息的内容和形式非常单一死板。另外,在新技术的应用方面也存在不便,在系统设计最初阶段开发工具和软件选定以后,就不可以轻易进行更改。

B/S 模式的体系架构分为三层,不同的位置上放置着不同的功能层次。数据库位于数据库服务器端,表示层存在于客户端,功能层则在 Web 服务器端。这样就使得客户端的任务负荷得到缓解,从而称其为"瘦客户端"。B/S 模式的体系结构如图 5-2 所示。

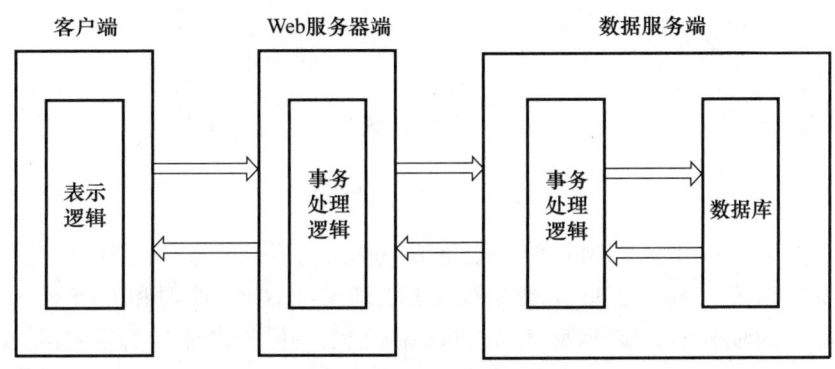

图 5-2 B/S 模式的体系结构

B/S 模式的三层结构体系有很多优点。首先,它的分布性特点使得数据库可以随时随地处理各种业务。其次,网页的增加便可以使服务器的功能得到增加,业务扩展因而非常简单方便。最后,要实现所有用户的同步更新升级,只需要将服务器端业务改变即可,维护简单容易。另外,它的开发过程非常简单,信息共享性也比较强。

可以看出,B/S 模式在一定程度上面弥补了 C/S 模式所拥有的不足和缺点,这也是 B/S 模式产生的原因。但是同时,B/S 模式也存在着一些不足。由于其个性化程度比较低,对于一些有高度个性化要求的用户,无法完全满足其需求。B/S 模式系统操作习惯以最基本的鼠标为主要操作方式,这样就限制了快速操作的要求。在相应速度方面,页面动态刷新速度不是很理想。在打印输出方面,无法实现套打输出,使得票据等的打印出现一些困难。分页显示在实现上还有一些难度,故对数据库的访问造成了一定的局限。另外,对于一些传统模式下的特殊功能要求,并没有很好地将其传承下来,使得功能在一定程度上弱化了。

当然,B/S 模式也有很多优点,例如客户端配置非常简单,这一优点使得它得到很多应用单位的青睐,被广泛应用在简单的信息的发布上面。

基于以上两种模式各自的特点,鉴于湿陷性黄土地区各个基坑形式不一,监测预警值均不同,重要程度亦存在差异。监测系统综合权衡后采用 C/S 模式,客户端可及时查阅现场所有监测数据的情况,也可以对监测数据进行初步的处理、分析,能够清晰查阅各监测点的位置,监测当前数据及历史数据。软件登录界面如图 5-3 所示。

图 5-3 软件登录界面

软件主要由用户登录、项目管理、预测分析、预警系统、视图、扩展功能及帮助等七大模块组成,其中扩展功能主要为后期项目的统一管理和 C/S 模式中服务器端预留端口,为项目管理数据库系统的预留模块。进入软件后的系统界面如图 5-4 所示。

图 5-4 软件系统界面

5.2 项目管理模块

项目管理模块主要实现项目信息建立、基坑模型信息建立、监测点信息的建立、测点属性设置、基坑模型导入、监测点位置布置、新增监测点设置、监测点数据统计和监测曲线的生成等功能,相关功能如图 5-5~图 5-10 所示。

5　湿陷性黄土地区基坑变形监测预警系统研究

图 5-5　项目信息建立、数据库选择及权限登录

图 5-6　基坑平面模型的导入

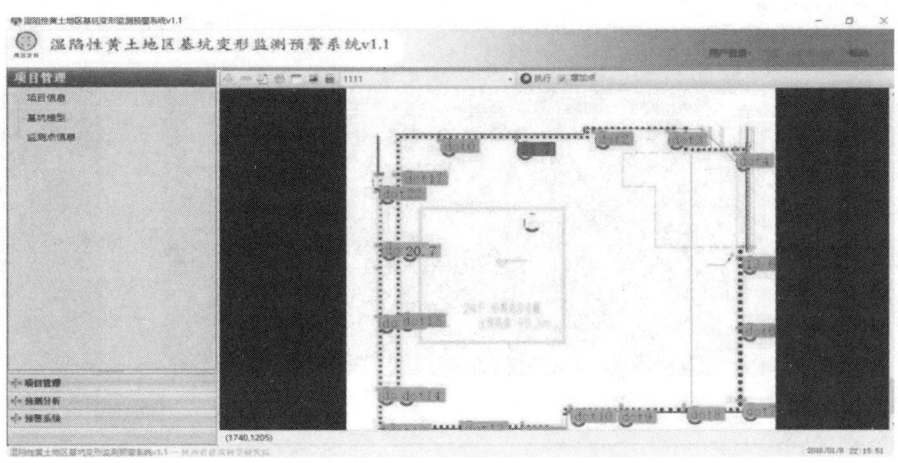

图 5-7　监测点的布置及属性匹配

121

图 5-8　监测点属性设置与修改

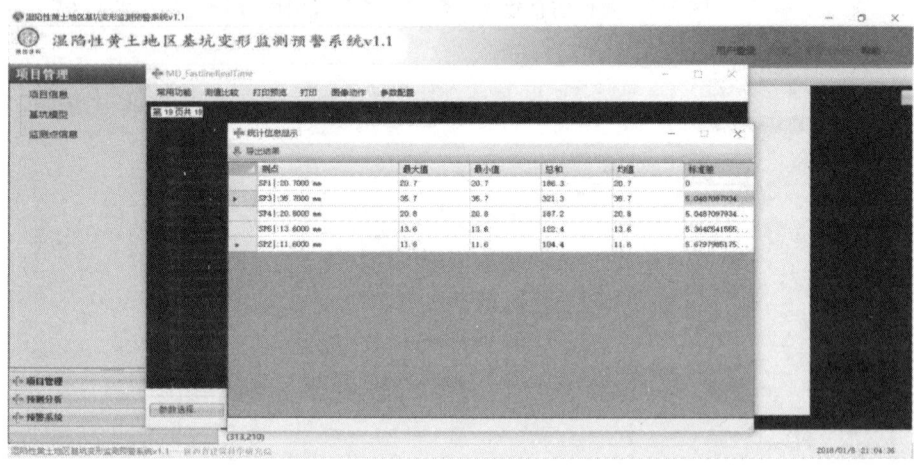

图 5-9　监测点数据统计

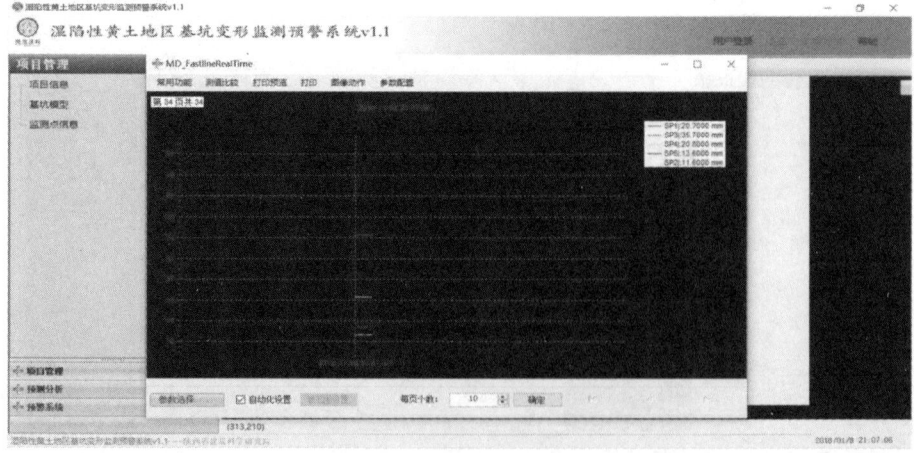

图 5-10　监测点数据曲线

5.3 预测分析模块

预测分析模块主要对基坑水平位移各监测点的监测数据进行统计，对监测数据的可靠性进行分析，对基坑变形数据进行预测计算，并在监测点布置图中进行显示。预测分析的相关功能如图 5-11、图 5-12 所示。预测分析主要采用神经网络模型、时间序列模型和灰色系统模型，其中神经网络模型、灰色系统模型的算法流程如图 5-13、图 5-14 所示。

图 5-11　预测分析模块界面

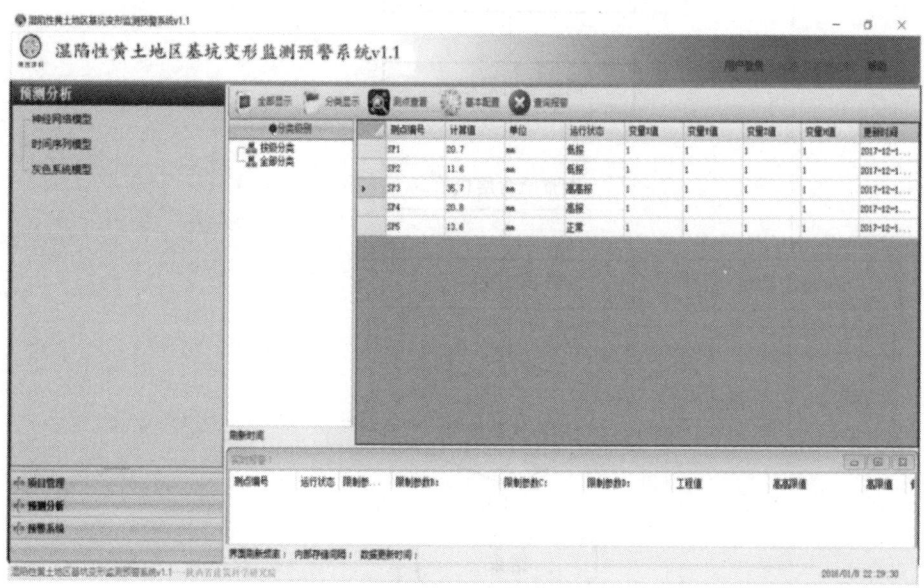

图 5-12　预测分析计算结果

软件数据输入、统计、可靠性分析以及预测计算均利用 MATLAB 软件实现，在预测分析模块直接调用 MATLAB 编制的 DLL 控件文件。MATLAB 作为世界顶尖的数学应用软件，以其强大的工程计算、算法研究、工程绘图、应用程序开发、数据分析和动态仿真等功能，在工程建设等领域发挥着越来越重要的作用。MATLAB 强大的矩阵运算功能更使得对预测模型的求解变得得心应手，而且在 MATLAB 的工具箱中，有与灰色系统预测模型、神经网络预测模型等相关函数的调用包。

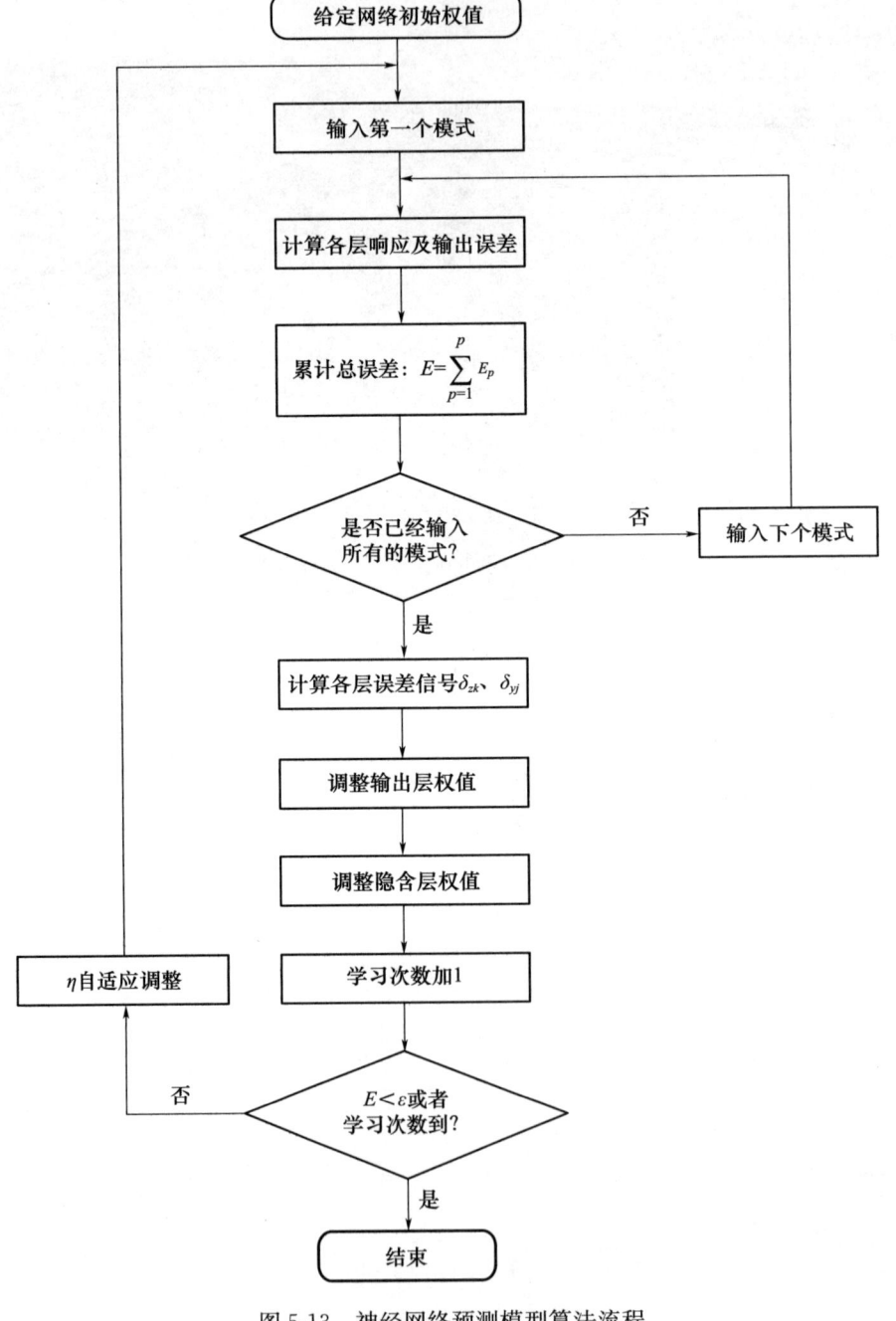

图 5-13 神经网络预测模型算法流程

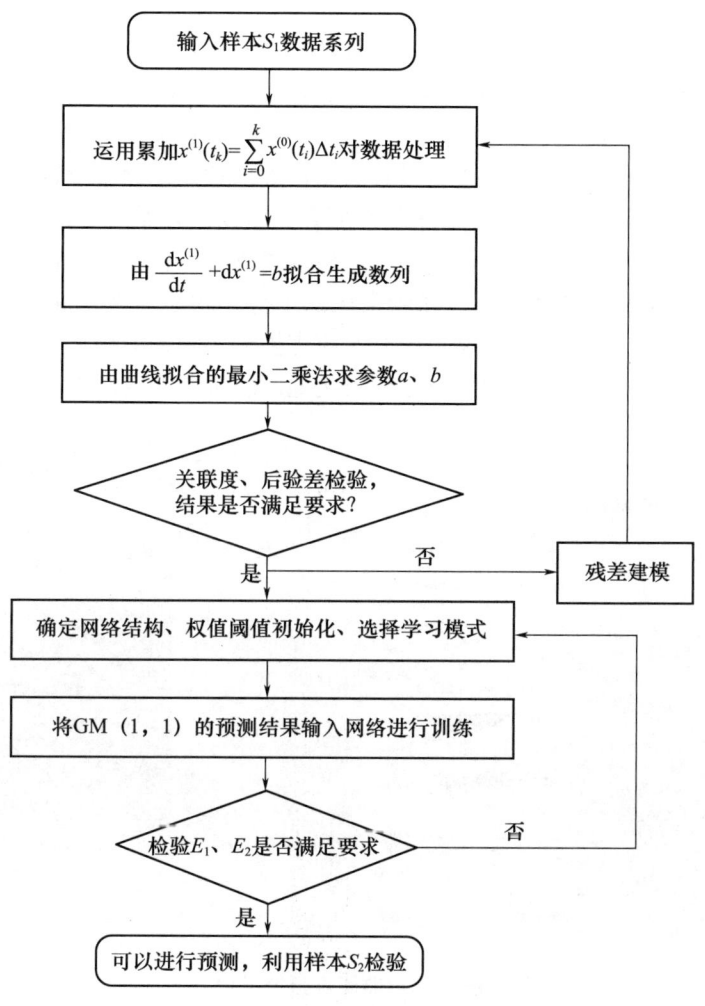

图 5-14 灰色系统预测模型算法流程

5.4 预警系统模块

监测预警是监测的主要功能之一，是实施监测的主要目的之一，是预防工程事故发生、确保结构及周边环境安全的重要措施。监测预警值是监测工作的实施前提，是监测期间对基坑工程正常、异常和危险不同状态判断的重要依据，应分级制定，因此，基坑工程必须确定监测预警值。

施工期间的基坑监测预警应根据安全控制和质量控制的不同目标，宜按"分区、分级、分阶段"的原则，结合施工过程对监测点提出相应的限制要求和不同危急程度的预警值。预警值应结合相关规范及设计要求确定。

分区是指依据支护结构的不同形式，采用不同的控制指标；分级是根据结构危害程度将结构统一划分为不同的保护等级；分阶段是指将施工过程划分为几个重要的施工阶段，对每个阶段提出阶段控制指标。对分区、分级、分阶段的详细说明应根据结构特点、环境条件等综合分析。

施工期间预警应根据施工结构分析结果设定，根据预警等级不同，可采用分析结果的50%、70%、90%进行预警，但监测值应满足相关规范及设计要求，预警采用红黄绿三色表示严重程度，红色表示最危险，黄色为预警值的50%。

预警系统模块还包括预警信息查询及预警事件处理功能，预警设置、预警管理及预警显示如图5-15～图5-17所示。预警流程设计如图5-18所示，基坑开挖过程中布置监测点，监测基坑的变形值；基坑开挖到设计标高后，根据监测数据、基坑支护结构的变形计算分析数据，将基坑分成不同约束区域（强约束区、中等约束区、弱约束区及自由约束区），采用相应的支护形式；利用预测模型，建立对应支护形式的预测模型，对基坑支护体系的变形进行预测，并依据设定的阈值对湿陷性黄土地区基坑监测变形进行预警。

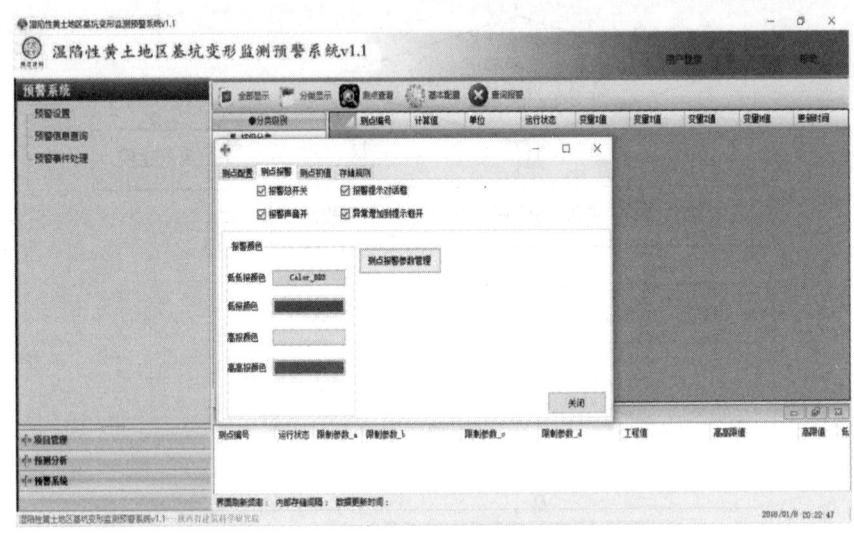

图 5-15 监测点预警设置

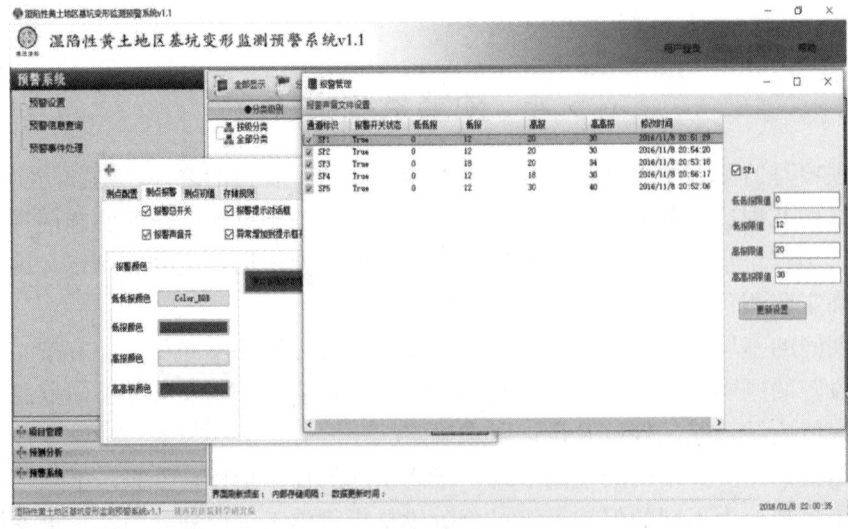

图 5-16 监测点预警管理

5 湿陷性黄土地区基坑变形监测预警系统研究

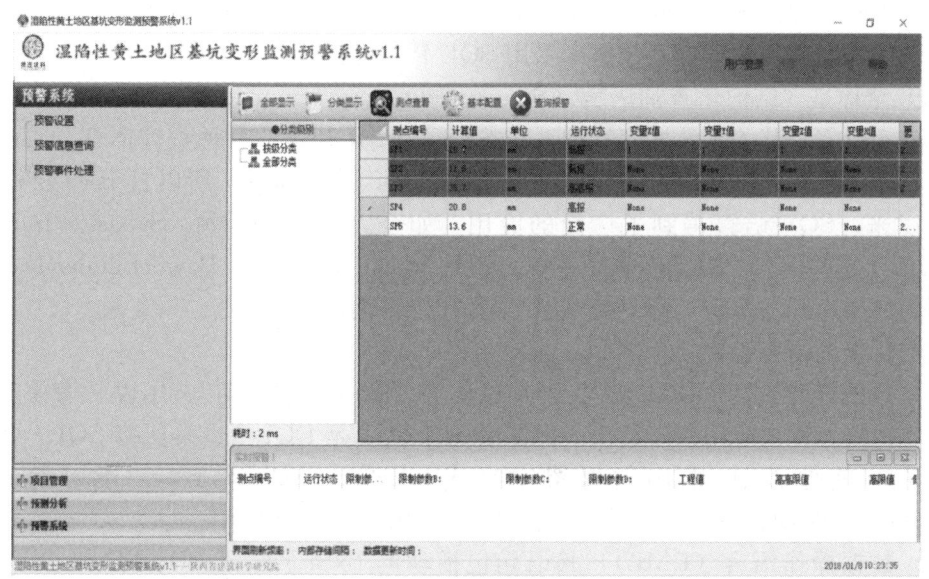

图 5-17 监测点预警显示

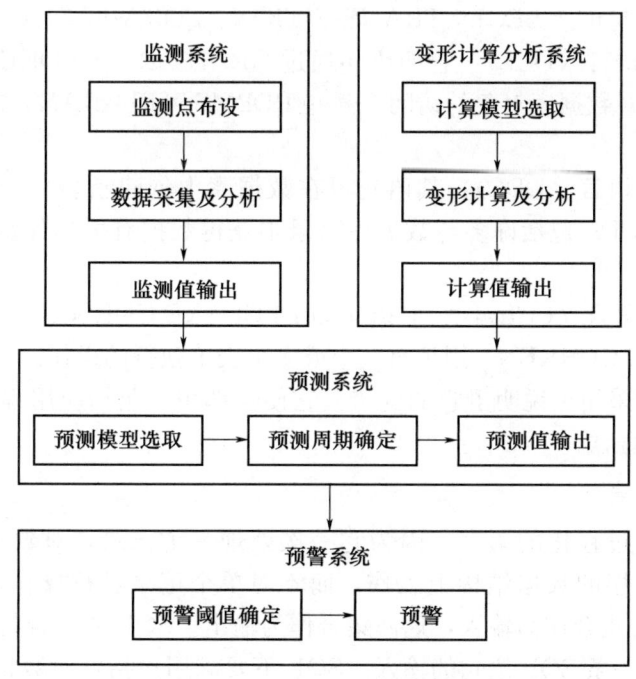

图 5-18 预警流程设计

5.5 数据库系统设计

软件中扩展功能主要为后期项目的统一管理和 C/S 模式中服务器端预留端口，为项目管理数据库系统的预留模块。采用数据库系统管理模式，对不同项目、不同基坑支护形式、不同空间区域、不同黄土特性的变形监测数据和预测数据进行统一管理，并实现同一软件不同项目的管理，数据库采用 SQL 软件进行设计。

SQL 全称是"结构化查询语言（Structured Query Language）"，最早是 IBM 的圣约瑟研究实验室为其关系数据库管理系统 SYSTEM R 开发的一种查询语言。它的前身是 SQUARE 语言。SQL 语言结构简洁，功能强大，简单易学，所以自 IBM 公司 1981 年推出以来，SQL 语言得到了广泛的应用。如今无论是 Oracle、Sybase、Informix、SQL Server 这些大型的数据库管理系统，还是 Visual Foxporo、PowerBuilder 这些微机上常用的数据库开发系统，都支持 SQL 语言作为查询语言。

结构化查询语言包含 6 个部分：

（1）数据查询语言（DQL）：其语句也称为"数据检索语句"，用以从表中获得数据，确定数据怎样在应用程序给出。保留字 SELECT 是 DQL（也是所有 SQL）用得最多的动词，其他 DQL 常用的保留字有 WHERE、ORDER BY、GROUP BY 和 HAVING。这些 DQL 保留字常与其他类型的 SQL 语句一起使用。

（2）数据操作语言（DML）：其语句包括动词 INSERT、UPDATE 和 DELETE。它们分别用于添加、修改和删除表中的行，也称为动作查询语言。

（3）事务处理语言（TPL）：它的语句能确保被 DML 语句影响的表的所有行及时得以更新。TPL 语句包括 BEGIN TRANSACTION、COMMIT 和 ROLLBACK。

（4）数据控制语言（DCL）：它的语句通过 GRANT 或 REVOKE 获得许可，确定单个用户和用户组对数据库对象的访问。某些 RDBMS 可用 GRANT 或 REVOKE 控制对表单个列的访问。

（5）数据定义语言（DDL）：其语句可在数据库中创建新表（CREAT TABLE），为表加入索引等。DDL 包括许多与数据库目录中获得数据有关的保留字。它也是动作查询的一部分。

（6）指针控制语言（CCL）：它的语句如 DECLARE CURSOR、FETCH INTO 和 UPDATE WHERE CURRENT 用于对一个或多个表单独行的操作。

SQL 广泛地被采用正说明了它的优点。它使全部用户包括应用程序员、DBA 管理员和终端用户受益匪浅。

1. 非过程化语言

SQL 是一个非过程化的语言，因为它一次处理一个记录，对数据提供自动导航。SQL 允许用户在高层的数据结构上工作，而不对单个记录进行操作，可操作记录集。所有 SQL 语句接受集合作为输入，返回集合作为输出。SQL 的集合特性允许一条 SQL 语句的结果作为另一条 SQL 语句的输入。SQL 不要求用户指定对数据的存放方法。这种特性使用户更易集中精力于要得到的结果。所有 SQL 语句使用查询优化器，它是 RDBMS 的一部分，由它决定对指定数据存取的最快速度的手段。查询优化器知道存在什么索引，哪儿使用合适，而用户从不需要知道表是否有索引，表有什么类型的索引。

2. 统一的语言

SQL 可用于所有用户的 DB 活动模型，包括系统管理员、数据库管理员、应用程序员、决策支持系统人员及许多其他类型的终端用户。基本的 SQL 命令只需很少时间就能学会，最高级的命令在几天内便可掌握。SQL 为许多任务提供了命令，包括：查询数据；在表中插入、修改和删除记录；建立、修改和删除数据对象；控制对数据和数据对象的存取；保证数据库一致性和完整性。以前的数据库管理系统为上述各类操作提供单独的语言，而 SQL 将全部任务统一在一种语言中。

3. 所有关系数据库的公共语言

由于所有主要的关系数据库管理系统都支持 SQL 语言，用户可将使用 SQL 的技能从一个 RDBMS 转到另一个。所有用 SQL 编写的程序都是可以移植的。

6 工程实例

6.1 西安市某购物中心深基坑变形监测

6.1.1 工程概况

某购物中心用地面积约 3985m²，规划总建筑面积约 69070m²，建筑物地下 3 层，地上 24 层，建筑物高度 98.9m，基坑深度 16.5~18.2m。基坑北侧为城市道路，西侧紧邻一风味小吃城，南侧为一 7 层住宅楼，东南角为一 18 层商住楼，基坑东北角为一地铁通道。场地地形整体上较平坦，地面高程 406.78~408.23m，最大高差 1.45m，地貌单元属黄土二级台地。根据勘察报告，勘察期间各勘探点均见到地下水，量测其地下水稳定水位埋深为 10.80~12.60m，相应高程 395.58~396.06m，属潜水类型，勘察期属丰水期。据《西安城市工程地质图集》，地下水位年变幅 1~2m。

6.1.2 基坑支护方案

据勘探揭露，场地内地层自上而下依次为：人工填土（Q_4^{ml}）、第四系上更新统风积（Q_3^{2eol}）黄土、残积（Q_3^{2el}）古土壤，中更新统风积（Q_2^{2eol}）黄土、冲积（Q_2^{al}）砂类土及粉质黏土。按其地质时代、成因、野外特征及岩土工程性能的差异性，可分为 11 个工程地质层，各层岩性特征见表 6-1。

根据专家评审会确定的施工工序，先完成购物中心地下结构后再做地铁 4 号通道的顺序施工；先完成地铁车站及隧道主体结构后开挖基坑，基坑支护平面分段图如图 6-1 所示。

表 6-1 地层划分及岩性特征

地层编号	地质年代及成因	岩性描述	层厚（m）	层底深度（m）	层底标高（m）
①-1	Q_4^{ml}	杂填土：以建筑垃圾为主，含少量黏性土和生活垃圾，成分杂乱，松散不均。仅场地表层分布	0.80~2.60	0.80~2.60	404.30~407.11
①-2		素填土：以黏性土为主，含少量碎砖块及灰渣，疏密不均，仅在勘探点No11揭露该层	4.00	5.20	402.66
②	Q_3^{2eol}	黄土：褐黄色，大孔发育。可见蜗牛壳碎片，硬塑—可塑状态，以可塑状态为主	5.00~10.00	9.50~11.10	396.94~398.25
③-1	Q_3^{2el}	古土壤：红褐色，具针状孔隙，团块结构，含较多白色钙膜及钙质结核，可塑状态	0.40~1.30	9.90~11.60	396.30~396.97
③-2		古土壤：棕红色，具针状孔隙，团块结构，含较多白色钙膜及钙质结核，底部钙质结核富集成 20cm 左右硬层。可塑状态	2.90~4.20	13.60~15.60	392.10~394.05

续表

地层编号	地质年代及成因	岩性描述	层厚(m)	层底深度(m)	层底标高(m)
④	Q_2^{2eol}	黄土：黄褐色，具针状孔隙，含少量白色钙质条纹及零星结核。可塑—软塑状态，以可塑状态为主	6.20～8.00	20.90～23.00	384.94～386.61
⑤		粉质黏土：黄褐色，具层理，含氧化铁条纹及锰质斑点，含少量钙质结核，局部夹薄层的粉细砂。可塑状态	14.20～16.00	35.70～37.60	369.90～371.85
⑥		中粗砂：灰黄色，长石-石英质，级配不良，含少量圆砾，饱和，密实	4.70～8.90	40.40～45.40	361.45～366.38
⑥-1	Q_2^{al}	粉质黏土：黄褐色，具层理，含氧化铁条纹及锰质斑点。可塑状态，该层呈透镜体状赋存于⑥层中粗砂	0.80～2.00		
⑦		粉质黏土：黄褐色，具层理，含氧化铁条纹及锰质斑点，含少量钙质结核，局部夹薄层的粉细砂。可塑状态	未穿透，最大揭露厚度49.60m		
⑦-1		中粗砂：灰黄色，长石-石英质，级配不良，含少量圆砾，饱和，密实。该层呈透镜体状赋存于⑦层粉质黏土	0.60～4.60		

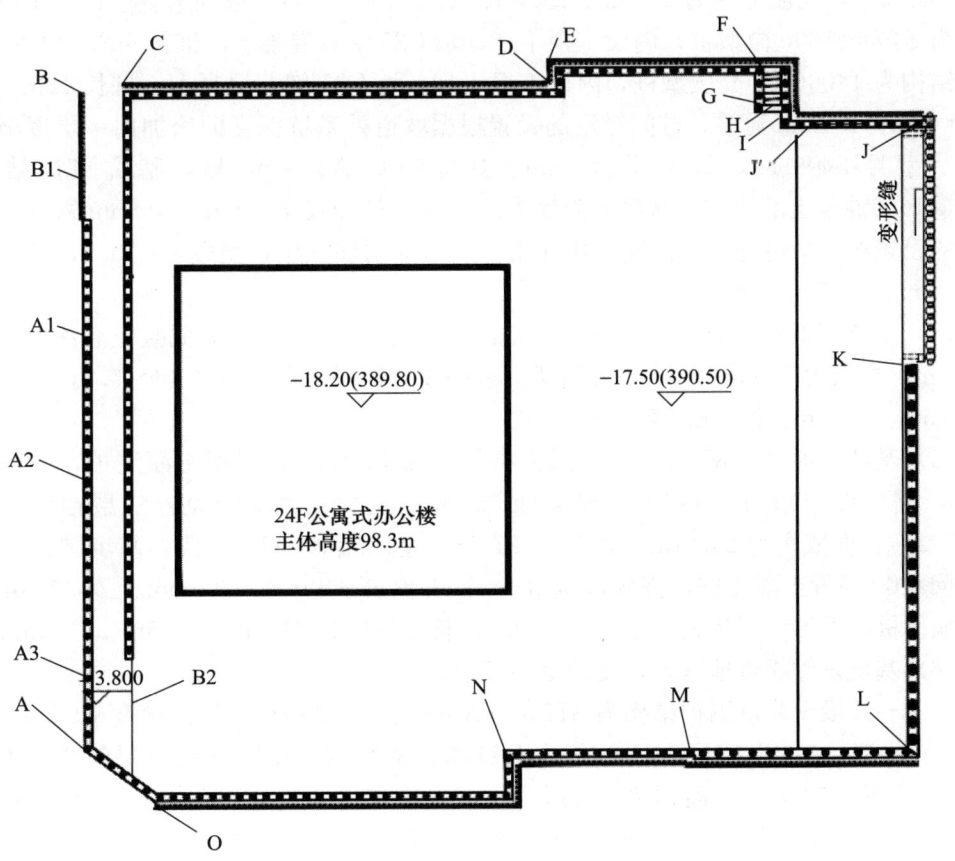

图6-1 基坑支护平面分段图

注：A、A1～A3、B、B1、B2、C～O、J'代表施工段。

地铁车站（图 6-1 中 J～K 段）先完成地铁车站主体结构后开挖基坑，结合拟建建筑地下结构施工的工况，在地铁车站顶板和中板位置设置水平支撑；地铁隧道（图 6-1 中 K～L 段）工序为暗挖隧道区段，先完成地铁隧道施工，再施工支护桩。遵循分层分段开挖、先撑后挖的原则。施工重点和难点在于东侧 K～L 人防段 1.2m 的护坡桩施工，护坡桩距地下室轮廓线仅为 400mm，距地铁人防隧道支撑距离也仅 300～400mm，施工过程中应严格控制桩位，钻机就位后，应严格对中，精心调平，确保钻杆垂直，在钻进过程中，应减慢钻进速度，并随时检查保持钻杆垂直，确保不发生斜孔现象。

（1）本基坑深度为 16.5～18.2m，地下潜水水位埋深 10.8～12.6m，受周围环境及交通条件的限制，基坑围护根据分段采用不同的支护方案。其中，基坑降水采用管井法。

（2）基坑北侧 C～F 段，基坑围护结构为 $\phi 700@1600$ 混凝土灌注桩，嵌固深度 7.5m，桩顶设 700mm×600mm 冠梁和 3m 高的土钉墙。桩间设置三层锚索，型号 $4\phi^s 15.2$，长度分别为 24.5m、22.5m、21.5m。

（3）基坑西侧为坡道，坡度 20%。基坑内侧 C～B2 段，1～12 号围护结构为 $\phi 600@1600$ 混凝土灌注桩，嵌固深度 5～8m，13～40 号围护结构为 $\phi 700@1600$ 混凝土灌注桩，嵌固深度 8m，桩顶标高顺坡道坡势逐渐降低，桩顶设 800mm×600mm 和 700mm×600mm 冠梁；桩间锚索的设置根据坡道高度的降低由四层逐渐减少为一层，型号 $4\phi^s 15.2$，长度分别为 25.5m、24.5m、22.5m、21.5m。基坑外侧 B1～A1 段围护结构为 $\phi 400@1600$ 微型桩，内设 1 根 I18，填 C25 细石混凝土，桩长 9m，A1～A2 段围护结构为 $\phi 400@1600$ 微型桩，内设 1 根 I18，填 C25 细石混凝土，桩长 12m，桩顶设 400mm×400mm 冠梁，桩间锚索的设置根据坡道处基坑深度的增加由一层逐渐增加二层，型号 $2\phi^s 15.2$，长度均为 13m。基坑外侧 A3～A2 段，基坑围护结构为 $\phi 700@1600$ 混凝土灌注桩，基底下深度为 5～8m，桩顶设 700mm×600mm 冠梁。桩间锚索的设置根据坡道处基坑深度的增加由一层逐渐增加三层，型号 $4\phi^s 15.2$，长度依次为 25.5m、24.5m、22.5m。

（4）基坑西南侧 A3～A～O 段，基坑围护结构为 $\phi 700@1600$ 混凝土灌注桩，嵌固深度 8m，桩顶设 700mm×600mm 冠梁。桩间设置四层锚索，型号 $4\phi^s 15.2$，长度依次为 25.5m、24.5m、22.5m、21.5m。

（5）基坑南侧 A～M 段，基坑围护结构为 $\phi 700@1500$ 混凝土灌注桩，嵌固深度 8.5m，桩顶设 700mm×600mm 冠梁和 3m 高的土钉墙。桩间设置三层锚索，型号 $4\phi^s 15.2$，长度依次为 24.5m、22.5m、21.5m。基坑南侧 M～L 段，基坑围护结构为 $\phi 800@2000$ 混凝土灌注桩，嵌固深度 8.5m，桩顶设 800mm×600mm 冠梁和 3m 高的土钉墙。桩间设置三层锚索，型号 $4\phi^s 15.2$，长度依次为 24.5m、22.5m、21.5m。

（6）基坑东侧靠近地铁处，支护结构复杂。

① L～K 段，基坑围护结构为 $\phi 1200@2000$ 混凝土灌注桩，嵌固深度 10.2m，桩顶设 1200mm×1000mm 冠梁和 1m 高的土钉墙。基坑深 4m 处设置一层锚索，型号 $4\phi^s 15.2$，长度为 29m。桩前预留 11.3m 高的土体，按 1∶0.5 分级放坡土钉墙支护，分级坡高 6m，放坡平台宽 2m。地下主体开始施工后开挖临时预留土体，并在坑深 7m 处增设一层锚索，型号 $4\phi^s 15.2$，长度为 17m；在坑深 9.8m 处增设一道钢管支撑，$\phi 609$ 的 $t=16$mm，平均间距 4m。

② K~J段，借用地铁支护桩，φ1000@1300混凝土灌注桩，嵌固深度8m；灌注桩桩间设置旋喷止水桩，φ1000@1300，桩长17.7m。桩前临时预留11.3m高的土体，按1:0.5分级放坡土钉墙支护，分级坡高6m，放坡平台宽2m。地下主体开始施工后开挖临时预留土体，并增设两道钢管支撑，φ609的$t=16$mm，平均间距4m。

③ I~J段，基坑围护结构为φ800@1500混凝土灌注桩，嵌固深度7.5m，桩顶设800mm×600mm冠梁和3m高的土钉墙。桩间设置三层锚索，型号$4\phi^s15.2$，长度依次为24.5m、22.5m、21.5m。

④ F~I段，基坑围护结构为双排桩，前后排桩均为φ800@1400混凝土灌注桩，嵌固深度15.4m，桩顶设800mm×1200mm冠梁和3m高的土钉墙。前后排桩桩间距3m，桩顶设800mm×1200mm连梁。

(7) 本设计方案降水井间距19.8m，井深度30m（从自然地面算起），共布置16口降水井。在基坑底布置8口备用井，井深度按15m考虑。降水井成孔直径800mm，井管采用内径为500mm的无砂砾石井管，孔隙率不小于15%，保证接口平整，内壁光滑。

6.1.3 变形监测内容

为了确保本项目基坑工程施工的安全顺利进行，根据现场周边环境情况、规范及设计要求，共设置如下监测内容：

(1) 基坑周边道路及建筑物竖向位移监测；
(2) 护坡桩桩顶水平位移监测；
(3) 锚索内力监测；
(4) 钢管内支撑轴力监测。

本项目控制的重点是地铁车站J~K段、地铁隧道K~L段变形。以下重点介绍基坑护坡桩桩顶水平位移监测的内容。

1. 测点布置

由于基坑开挖期间小面积大量土方卸载，地下围护结构将产生纵、横向的位移变形，故需监测护坡桩桩顶的水平位移。按照设计要求，共布置29个桩顶水平位移监测点，监测点在施工过程中牢固地预埋于下部护坡桩顶冠梁上，监测点布置如图6-2所示。水平变形观测基准点数量为3个，基准点要牢固地埋设在道路旁，并且不易受周围环境的影响，工作点6个，现场照片如图6-3所示。

2. 监测周期

基坑开挖期间每开挖一层观测1次，且观测间隔不应多于7d；基坑开挖完成后第一个月内，由于基坑处于极不稳定的状态，加之周边环境的影响，应适当加大监测的频率，监测次数为每周2次；基坑开挖完成后第2个月至基坑回填完成，基坑逐渐趋于稳定，根据具体情况可适当拉大监测周期，每7~10d观测一次。如果开完施工过程中出现异常，应及时进行加密观测，视具体情况确定加密监测周期。

3. 监测仪器

坡顶水平变形采用徕卡TS02全站仪及配套棱镜组。

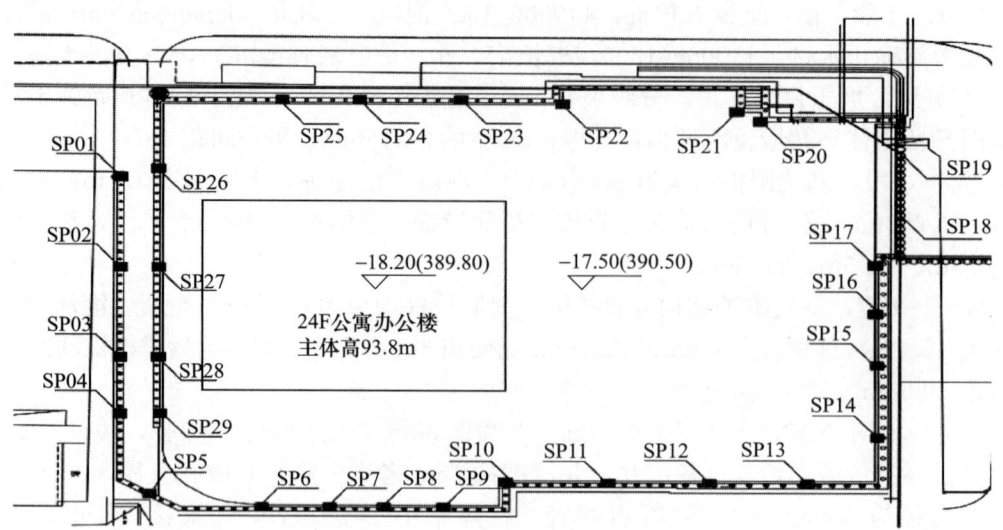

图 6-2 水平位移监测点布置

图 6-3 水平变形观测工作点

4. 监测方法

护坡桩桩顶水平位移监测按照本书 3.4.1 所述自由设站法、极坐标法进行监测。

6.1.4 分析、计算和预测

1. 预测预警设置

根据设计要求，基坑东侧护坡桩水平位移设计允许值为 20mm，地铁结构设施绝对沉降量及水平位移量≤20mm（包括各种加载和卸载的最终位移量），隧道变形曲线的曲率半径≥15000m。监测预警值为：护坡桩水平位移累计达 15mm，速率达到 1mm/d；隧道结构变化量达 10mm，地铁隧道持续 3d 的日变形量超过 0.5mm/d。基坑南侧、西侧和北侧护坡桩桩顶累计水平变形超过 30mm；连续 5d 内变形大于 1mm/d；周围建筑物，同一栋建筑物各观测点之间的沉降差超过 20mm 或观测点的沉降总量超过 30mm。

2. 基坑开挖对地铁车站、隧道影响模拟分析

施工过程中,采用有限元软件 Midas GTS 进行计算分析,计算模拟分析选择基坑与地铁车站及隧道接触段。基坑与车站接触段采用钢管内支撑支护,设置两道钢管内支撑;基坑与隧道接触段采用"钢支撑+预应力锚索"结合的支护形式,设置两道锚索和一道内支撑,内支撑采用直径 609mm 的钢管。计算分析中,本构模型采用修正摩尔-库仑模型,选用模型宽 65.4m、深 45.2m,支护桩采用梁单元模拟,支撑采用桁架单元模拟,锚索采用植入式桁架模拟。各计算模型如图 6-4 所示。

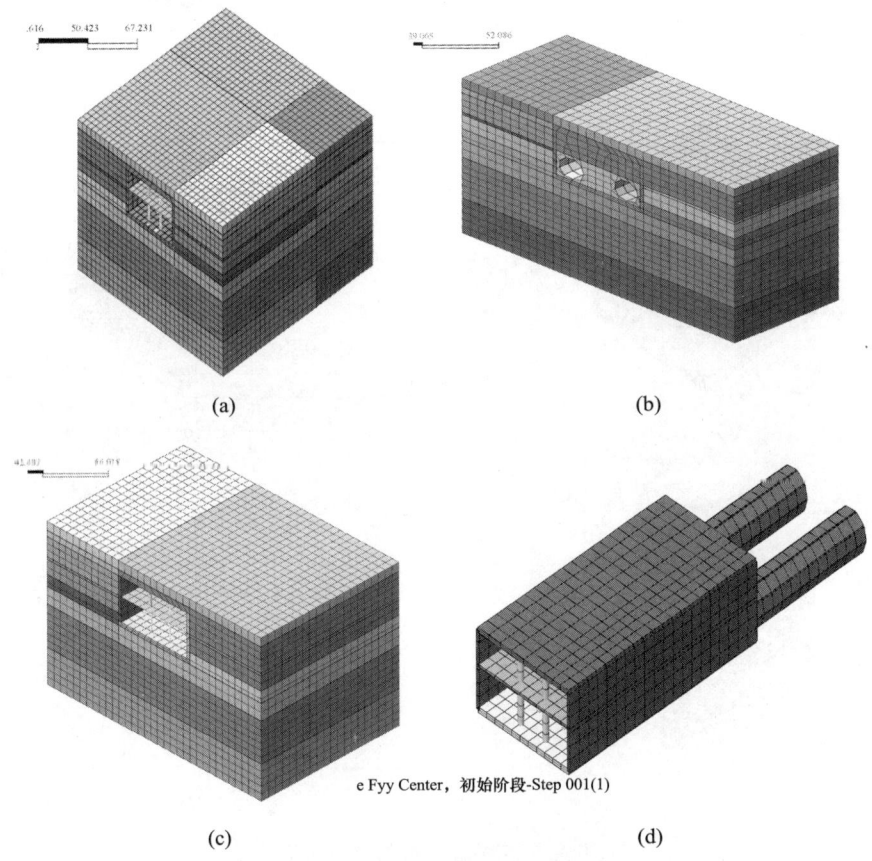

图 6-4 基坑与地铁车站及隧道接触段相关计算模型
(a) 计算分析三维整体模型;(b) 地铁隧道计算分析模型;
(c) 车站段计算分析模型;(d) 隧道及车站计算分析模型

经计算分析,随着基坑开挖,基坑周边土体会发生不同程度的水平位移和竖向位移,且应力发生变化。正常施工条件下基坑开挖至基底后地铁车站产生的水平位移最大为 3.497mm,竖向沉降最大为 −2.705mm(轨道 10m 范围内的沉降小于 4mm,满足高差控制要求),基底隆起最大值为 15.70mm,满足基坑变形控制要求;正常施工条件下基坑开挖至基底后地铁隧道段顶部产生的水平位移最大为 10.764mm,地铁隧道最大水平位移为 5.51mm,竖向沉降最大为 −2.767mm(轨道 10m 内范围内的沉降小于 4mm,

满足高差控制要求),基底隆起最大值为 5.63mm,满足基坑变形控制要求,同时隧道曲率半径经计算也满足要求。相关计算分析结果云图如图 6-5 所示。

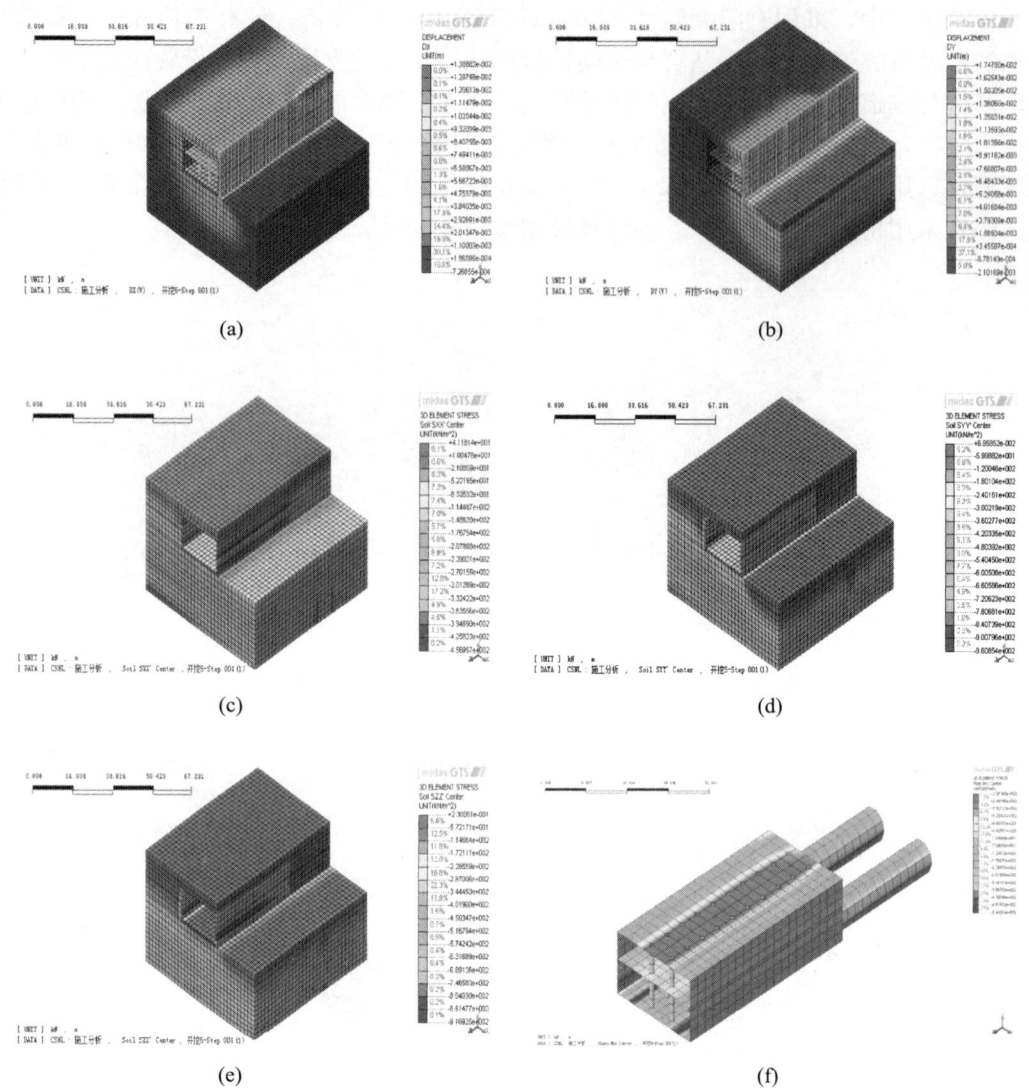

图 6-5 相关计算分析结果云图

(a) 计算分析开挖后 DX 方向位移状态云图;(b) 计算分析模型后 DY 方向位移状态云图;
(c) SXX′方向开挖后应力状态云图;(d) SYY′方向开挖后应力状态云图;
(e) SZZ′方向开挖后应力状态云图;(f) XX′方向开挖后弯矩云图

3. 基坑支护变形计算

基坑支护变形计算采用理正深基坑软件,J~K 段、K~L 段计算结果如图 6-6 所示。

4. 预测

基坑东侧支护形式复杂,施工过程中涉及支护形式的不同变换,现场对基坑东侧靠近隧道侧 SP14、SP15、SP16、SP17、SP18 及 SP19 监测点水平位移进行预测,根据监测数据不断对预测数据进行修正,进而指导钢支撑的拆除,确保基坑安全。

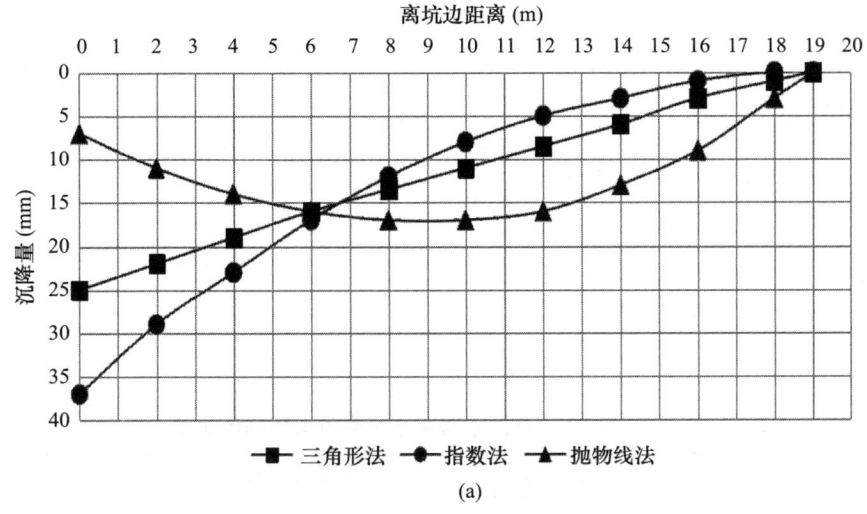

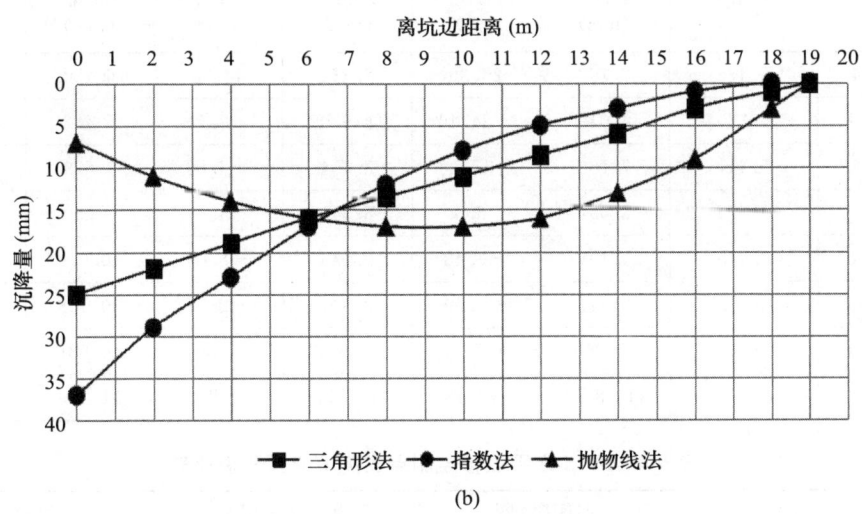

图 6-6 J～K 段、K～L 段计算地表沉降图
(a) J～K 段计算地表沉降图;(b) K～L 段计算地表沉降图

以 SP14～SP17 监测点为例说明。现场监测自 2014 年 8 月 20 日开始,截至 2015 年 6 月 4 日共监测 30 次,选取 2015 年 6 月 4 日前 8 次数据(分别为 2015 年 3 月 4 日、3 月 12 日、3 月 19 日、3 月 28 日、4 月 10 日、4 月 23 日、5 月 4 日、5 月 20 日)作为输入样本,利用预测分析模块,调用 MATLAB 控件分别采用时间序列预测模型、灰色系统预测模型、BP 神经网络预测模型对监测点后期变形进行预测。现场共计预测 8 次,8 次预测过程中根据最新监测结果不断修正模型。输入样本数据见表 6-2,8 次预测详细数据见表 6-3～表 6-7。实测值与预测值比对曲线如图 6-7 所示。

表 6-2 输入样本数据

序号	时间（年/月/日）	输入样本数据（mm）			
		SP14	SP15	SP16	SP17
1	2015/3/4	2.986	1.693	1.990	1.893
2	2015/3/12	2.333	1.368	2.870	0.949
3	2015/3/19	3.149	1.839	1.685	0.959
4	2015/3/28	2.693	2.374	4.379	2.677
5	2015/4/10	2.336	2.635	2.763	3.817
6	2015/4/23	4.270	4.177	4.934	4.817
7	2015/5/4	3.477	3.727	1.011	4.216
8	2015/5/20	4.642	6.807	4.538	6.688

表 6-3 SP14 水平位移监测点实测值与预测值比较

时间（年/月/日）	实测值（mm）	时间序列法		灰色系统理论		神经网络法	
		预测值（mm）	相对误差（%）	预测值（mm）	相对误差（%）	预测值（mm）	相对误差（%）
2015/6/4	6.475	7.793	20.36	7.432	14.78	6.150	−5.02
2015/6/17	5.320	4.019	−24.46	4.920	−7.51	5.482	3.05
2015/6/30	9.411	7.786	−17.26	8.954	−4.86	9.629	2.31
2015/7/9	8.955	8.687	−3.00	8.540	−4.64	9.050	1.05
2015/7/16	9.935	9.191	−7.48	9.136	−8.04	10.019	0.85
2015/7/23	10.105	9.641	−4.59	9.844	−2.58	10.108	0.04
2015/7/31	10.611	10.299	−2.94	10.812	1.89	10.533	−0.73
2015/8/5	11.136	10.899	−2.13	11.311	1.57	11.240	0.93

表 6-4 SP15 水平位移监测点实测值与预测值比较

时间	实测值（mm）	时间序列法		灰色系统理论		神经网络法	
		预测值（mm）	相对误差（%）	预测值（mm）	相对误差（%）	预测值（mm）	相对误差（%）
2015/6/4	5.686	6.560	15.36	6.732	18.38	5.473	−3.74
2015/6/17	9.524	8.851	−7.07	9.002	−5.48	9.755	2.42
2015/6/30	10.328	9.893	−4.22	9.901	−4.13	10.217	−1.07
2015/7/9	8.660	8.051	−7.04	8.987	3.77	8.649	−0.13
2015/7/16	10.426	11.557	10.84	10.094	−3.19	10.302	−1.19
2015/7/23	11.104	9.902	−10.82	11.462	3.22	10.937	−1.50
2015/7/31	11.799	10.804	−8.43	11.646	−1.30	11.686	−0.96
2015/8/5	12.059	10.782	−10.60	12.167	0.89	12.078	0.15

表 6-5　SP16 水平位移监测点实测值与预测值比较

时间	实测值（mm）	时间序列法		灰色系统理论		神经网络法	
		预测值（mm）	相对误差（%）	预测值（mm）	相对误差（%）	预测值（mm）	相对误差（%）
2015/6/4	4.792	6.148	28.30	5.575	16.34	4.306	−10.14
2015/6/17	8.321	6.696	−19.53	8.626	3.66	7.623	−8.39
2015/6/30	9.017	9.213	2.17	8.499	−5.74	8.267	−8.32
2015/7/9	9.388	8.369	−10.85	8.825	−6.00	9.186	−2.15
2015/7/16	9.937	9.895	−0.43	9.340	−6.01	9.253	−6.89
2015/7/23	10.145	9.880	−2.61	10.545	3.95	10.049	−0.95
2015/7/31	13.226	11.763	−11.06	12.876	−2.65	13.010	−1.63
2015/8/5	13.989	13.115	−6.25	14.200	1.51	14.049	0.43

表 6-6　SP17 水平位移监测点实测值与预测值比较

时间	实测值（mm）	时间序列法		灰色系统理论		神经网络法	
		预测值（mm）	相对误差（%）	预测值（mm）	相对误差（%）	预测值（mm）	相对误差（%）
2015/6/4	5.520	6.709	21.55	5.974	8.22	4.989	−9.61
2015/6/17	7.656	8.369	9.32	8.109	5.92	8.590	12.20
2015/6/30	9.196	8.608	−6.38	8.903	−3.18	10.117	10.02
2015/7/9	10.637	8.678	−18.42	9.955	−6.42	11.441	7.56
2015/7/16	11.217	12.471	11.18	10.610	−5.42	10.470	−6.66
2015/7/23	13.684	12.062	−11.85	13.987	2.21	13.401	−2.07
2015/7/31	14.600	12.709	−12.95	14.002	−4.10	14.320	−1.91
2015/8/5	14.419	15.768	9.36	14.126	−2.03	14.651	1.62

表 6-7　各监测点实测值与预测值比较

监测点	时间序列法		灰色系统理论		神经网络法	
	全部相对误差平均值（%）	后 5 次相对误差平均值（%）	全部相对误差平均值（%）	后 5 次相对误差平均值（%）	全部相对误差平均值（%）	后 5 次相对误差平均值（%）
SP14	10.28	4.03	5.73	3.74	1.75	0.72
SP15	9.30	9.55	5.05	2.47	1.40	0.79
SP16	10.15	6.24	5.73	4.02	4.86	2.41
SP17	12.63	12.75	4.69	4.03	6.46	3.96

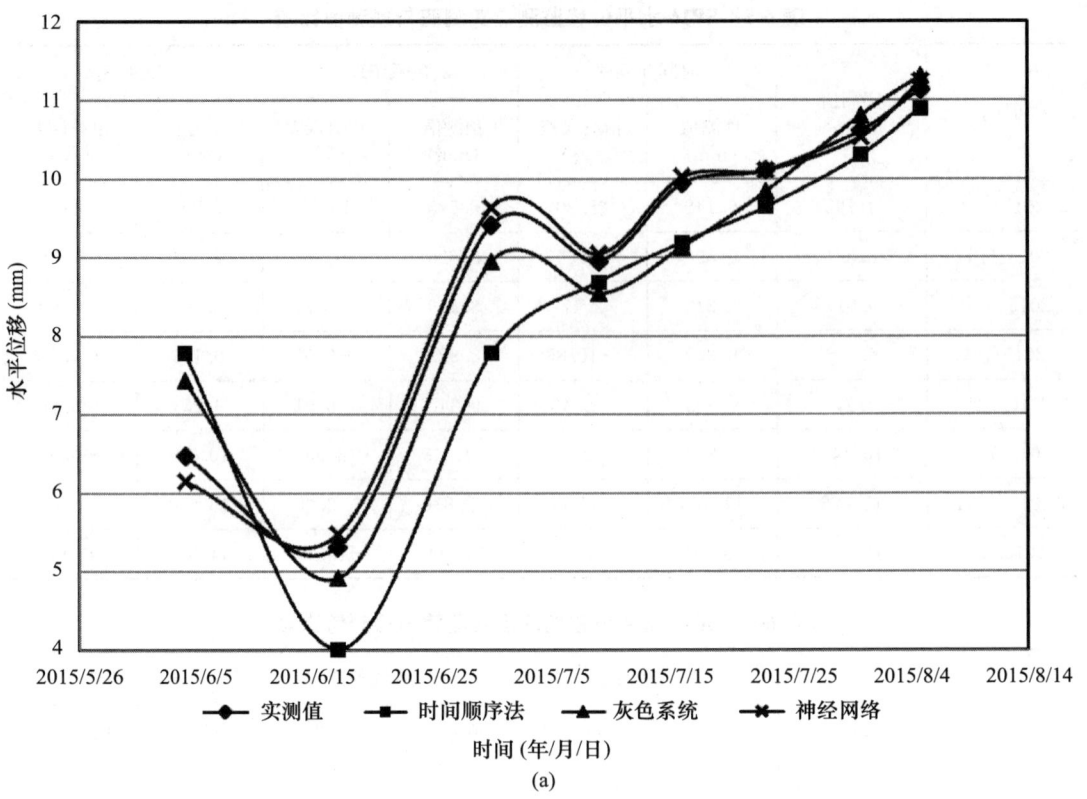

(a)

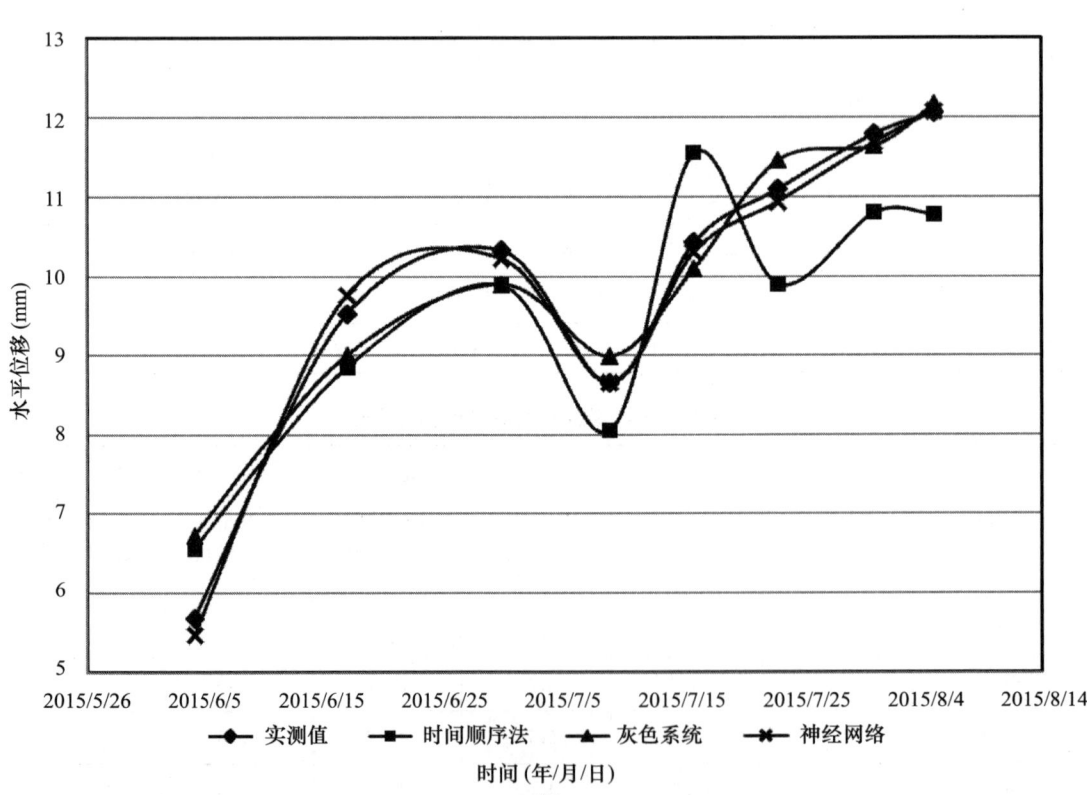

(b)

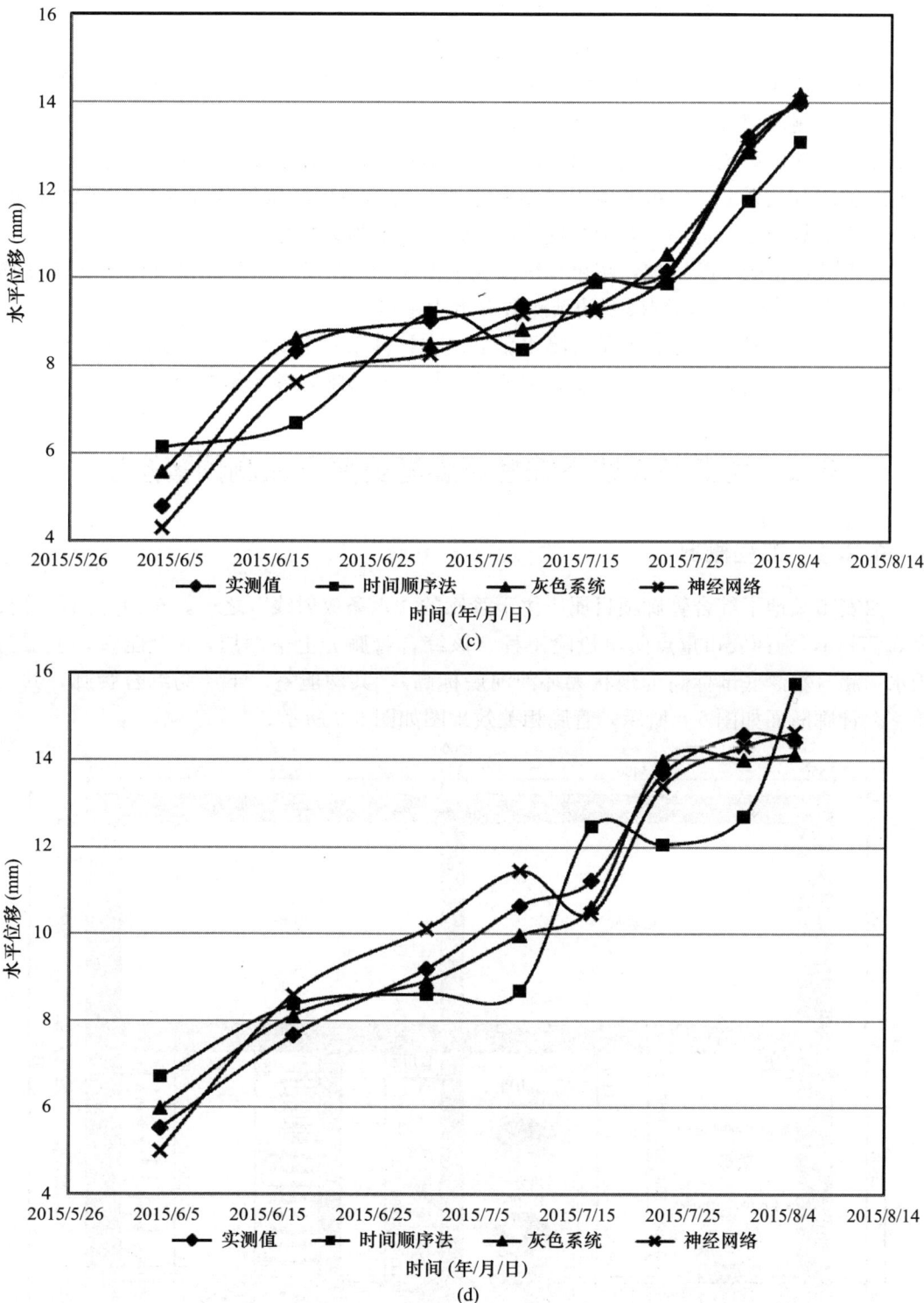

图 6-7 监测点实测值与预测值比对曲线

（a）SP14 监测点实测值与预测值比对曲线；（b）SP15 监测点实测值与预测值比对曲线；
（c）SP16 监测点实测值与预测值比对曲线；（d）SP17 监测点实测值与预测值比对曲线

由上述监测及预测数据、曲线可以得出：

基坑监测期间，最大水平位移未超过预警值；

对于锚拉式、支撑式支挡结构，可采用时间序列预测模型、BP 神经网络预测模型、灰色系统预测模型实现其水平位移预测；

相对于灰色系统预测模型，BP 神经网络预测模型的精度更高，这与灰色系统预测模型的假定有关系。灰色系统预测模型假定非负时间序列法累加数列需具有指数规律，实际上累加数列不一定均具有指数规律，应该是近似指数规律。

随着数据量的不断增加，灰色系统预测模型及 BP 神经网络预测模型的预测精度均变高，但 BP 神经网络预测模型的预测数值更为稳定。

当现场工况发生变化，如基坑降水影响，支护体系发生变化（增加钢支撑、预应力锚索等）时，预测数据会发生跳跃，但随着数据量的增加，预测结果会逐步趋于稳定。

6.2 西安市某地下综合管廊基坑变形监测预警系统

6.2.1 工程概况

西安市某地下综合管廊项目属于主干管廊的"六条放射线"之一，东西走向，总长度 3.77km，为西安市重点防汛抢险工程。该综合管廊分上下两层，5 个舱室，上层为雨水箱涵（箱涵底部标高为现状大环河河底标高），共两舱室；下层为综合管廊，共三舱室。管廊断面如图 6-8 所示，管廊相关效果图如图 6-9 所示。

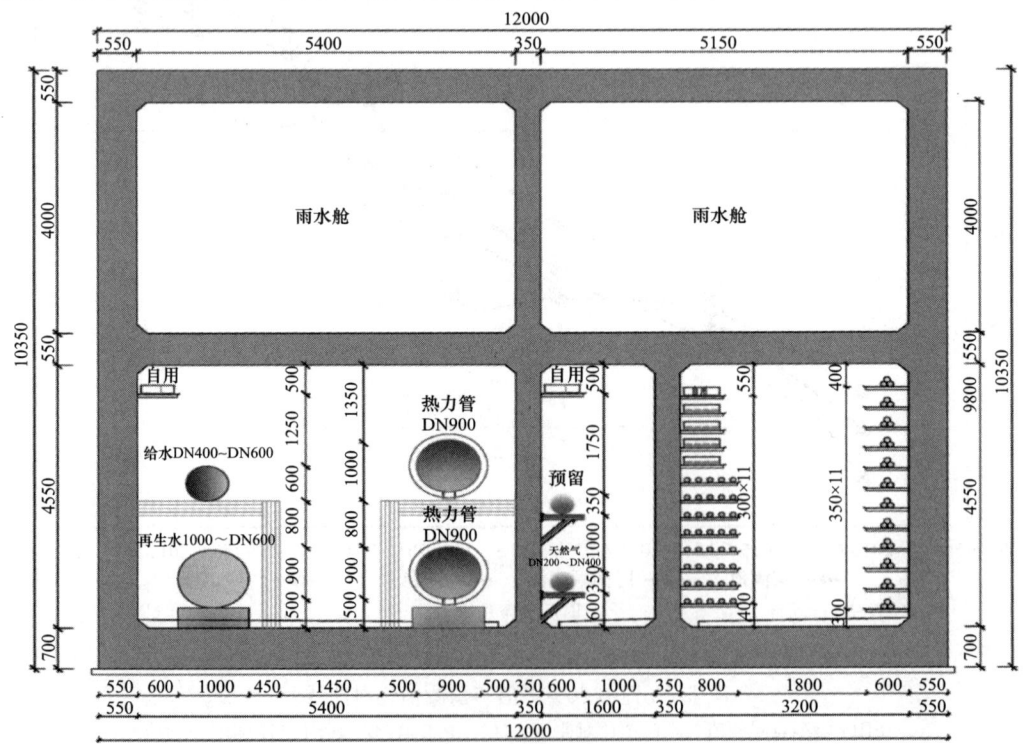

图 6-8　管廊断面

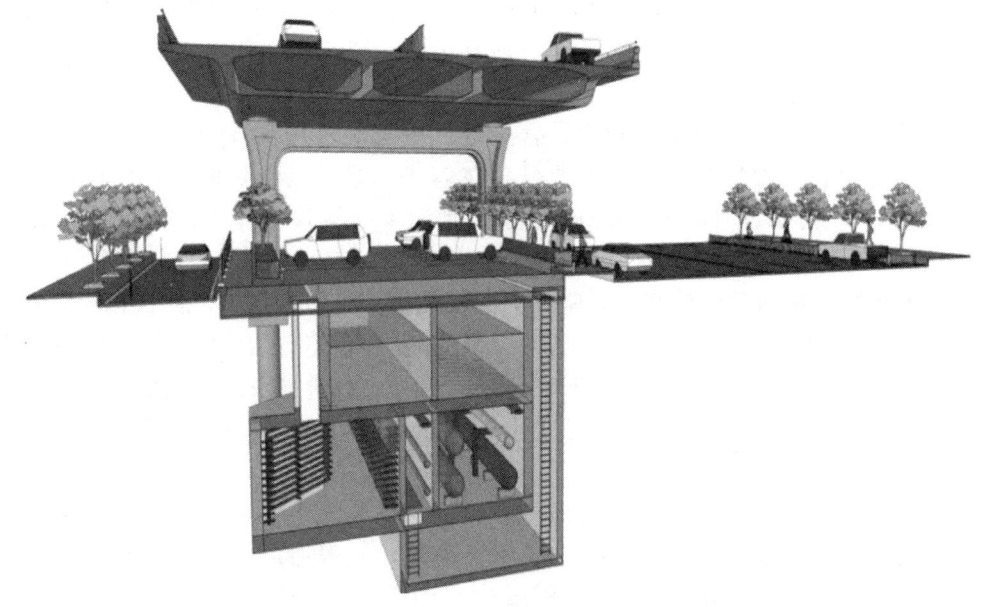

图 6-9 管廊相关效果

6.2.2 基坑支护方案

西安市某地下综合管廊河道两岸现状地势开阔，地形总体起伏不大，大环河栏杆内宽 15.0~20.0m，河道宽 4.0m，深 3.5~4.0m。大环河修砌时与现地面形成二台阶为现状河堤，高 3.0~4.0m。勘察期间，场地现状地面高程变化介于 395.70~401.71m 之间，总体呈东高西低、南高北低之势。

根据外业钻探揭露，现将基坑支护及降水影响深度范围内的土层自上而下分述如下：

①-1 杂填土：杂色，松散—稍密，主要由块石、砖瓦碎块及灰渣组成。该层广泛分布于场地表层，修建河堤、道路时回填而成，厚度一般为 4.5~9m，最大厚度 9.1m。该层成分结构杂乱，性质不均匀，局部为素填土，厚度变化较大。

①-2 素填土：黄褐色—灰褐色，稍湿，松散—稍密，主要由粉质黏土组成，含有少量砖块、混凝土碎块及砂砾石，河堤二台表层普遍分布 0.5~0.8m 的块石，局部为灰土，主要分布大环河两侧，该层填土度一般为 0.8~2.8m，局部厚度 5.4~6.2m，结构杂乱，岩性不均，均匀性较差。

②-1 黄土状土：褐黄色—黄褐色，可塑—硬塑，土质均匀，孔隙发育。含少量蜗牛碎壳、云母碎片、白色钙质网膜、砂粒等。属中压缩性土。局部夹细中砂透镜体。该层主要分布在皂河一级阶地，层位稳定，一般厚度 4.4~21.0m，层面埋深在 1.0~9.1m，相应标高 390.74~399.74m。

②-2 粉质黏土：褐黄色，可塑—硬塑，含钙质条纹和零星钙质结核，针状孔隙发育，土质较均匀。该层主要分布在皂河一级阶地，层位稳定，一般厚度 1.7~7.1m，层面埋深一般在 6.7~17.5m，相应标高 382.93~389.31m。

②-3 细中砂：灰黄色，稍湿，中密—密实，级配不良。成分为石英、长石等，含较

多黏性土及零星小砾石等。该层主要分布在皂河一级阶地，呈透镜体及薄层分布在②大层内，一般厚度 1.3～4.2m，层面埋深一般在 6.7～17.5m 之间，相应标高 382.93～389.31m。

③-1 黄土：褐黄色，可塑—硬塑，含少量钙质菌丝，发育有大孔隙及虫孔，土质较均匀。呈可塑状—硬塑状。该层主要分布在皂河二级、三级阶地上，层位稳定，层厚变化较大，一般层厚 1.0～13.2m，层面埋深 0.7～7.2m，相应标高 392.18～400.10m。

③-2 古土壤：灰白色—棕红色，坚硬，团粒结构，土质较均匀，针状孔隙发育，含有钙质条纹和姜石结核，力学性质稳定。该层底部发育有姜石结核层，姜石结核分布相对密集，厚 0.2～0.4m。该层主要分布在皂河二级、三级阶地及一级阶地和二级阶地过渡带上。分布连续，层位稳定，厚度变化较大，层厚 1.1～6.7m，层面埋深 7.0～15.3m，相应标高 383.0～391.26m。

③-3 中粗砂：灰黄色，密实，饱和，以长石、石英为主要矿物成分，含少量云母片、铁锰质。砂质纯净，分布不连续，层位不稳定，一般厚度 0.4～8.0m，层面埋深 13.7～27.9m，相应标高 372.20～382.83m。

③-4 粉质黏土：褐黄色—褐灰色，硬塑，针状孔隙发育，含铁锰质斑点、零星钙质结核蜗牛碎壳、云母片、砂粒、砾石等。土质较均匀。该层在管廊沿线分布连续，层位稳定，一般厚度 4.9～22.7m，层面埋深 9.1～23.2m，相应标高 375.20～388.64m。

地表水情况：拟建地下综合管廊起头处为某河，由南流向北，河堤经人工修筑和加固，河床亦采用浆砌片石衬砌，成为开放式排污河道，调查期间水深约 1.5m，水位变化较大，雨期成为泄洪通道，水深可达 2.0m 甚至更深。河底距河堤顶部约 5.6m。大环河属南二环污水渠后延伸段，水流自东向西汇入某河，是一条开放式排污渠道。渠道经人工修筑和加固，渠底亦经浆砌片石衬砌，明渠上部未经覆盖，水质混浊，气味弥漫天空。此段渠宽 15.0～20.0m，水位变化较大，平常水深 0.5m 左右，雨期成为泄洪通道，最深可达 2.0m 或更深。河底距昆明路高度为 5.5～7.5m。

地下水情况：根据勘察结果，该场地所揭露的地下水为第四系松散层孔隙潜水。勘察期间测得地下水水位埋深一般在 4.7～16.0m 之间，相应高程 383.53～392.50m；根据本次勘察及区域地质资料，覆盖层为第四系松散层，含水层主要为弱透水的黏性土夹砂层透镜体，潜水含水层厚度大于 50m。本地区潜水补给来源主要为侧向径流补给、大气降水入渗及绿化带灌溉水的入渗补给。潜水的排泄方式为人工开采、蒸发、向下游径流等。根据场地含水层及埋藏条件，地下水位变化主要受降水、蒸发、人工开采等因素影响，一般 7—9 月水位埋深最大，为低水位期，12 月到次年的 2 月为高水位期，水位埋深最小。根据场地的地质特征及水文地质特征，潜水位埋深受蒸发影响较大，夏季天气炎热，蒸发量大，水位埋深明显变大，7—9 月降雨量增多，水位开始回升，冬季气候干燥，蒸发量减少，水位年内达到高水位。地下水年水位变幅 1.0～2.0m。

基坑总长度约为 3760m，主要宽度为 14～18m，基坑开挖深度为 12～20m。基坑支护采用"排桩+内支撑"的支护形式，普通桩桩径为1.0m，桩间距分别为1.5m、2m和4m。内支撑采用直径为609mm的钢结构圆管拼接而成，按照基坑深度架设1～4道不等，排距6m（局部4m）、纵距3～5m不等。

基坑侧壁安全等级为Ⅰ级，侧壁重要性系数为1.1；本工程为临时性支护工程，结构设计使用期限为12个月。基坑支护结构形式及部分钢支撑布置图如图6-10所示，现场相关照片如图6-11所示。

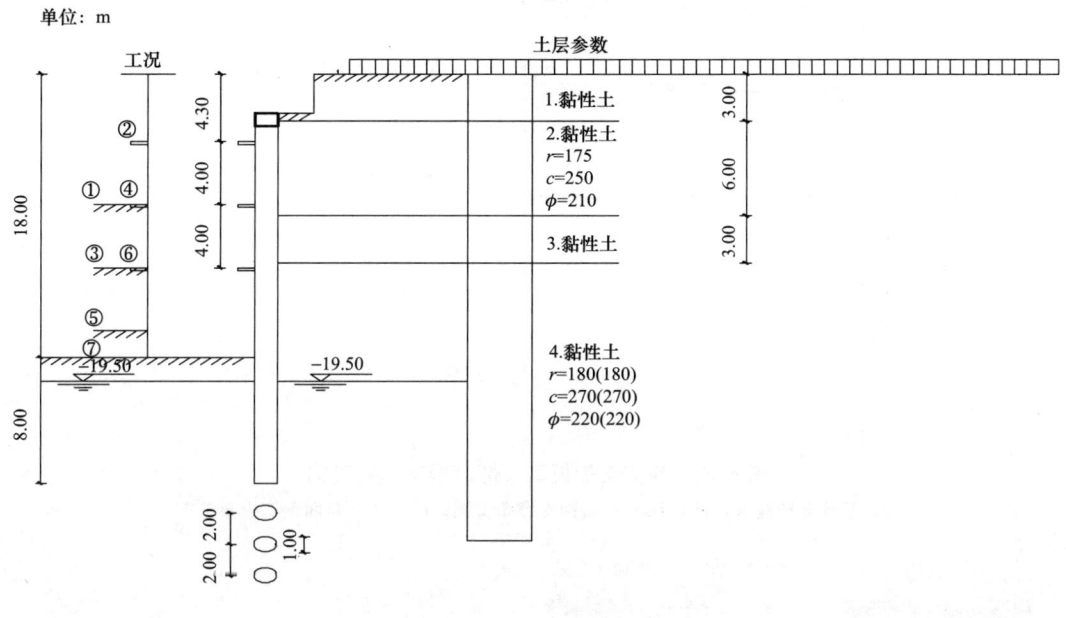

(a)

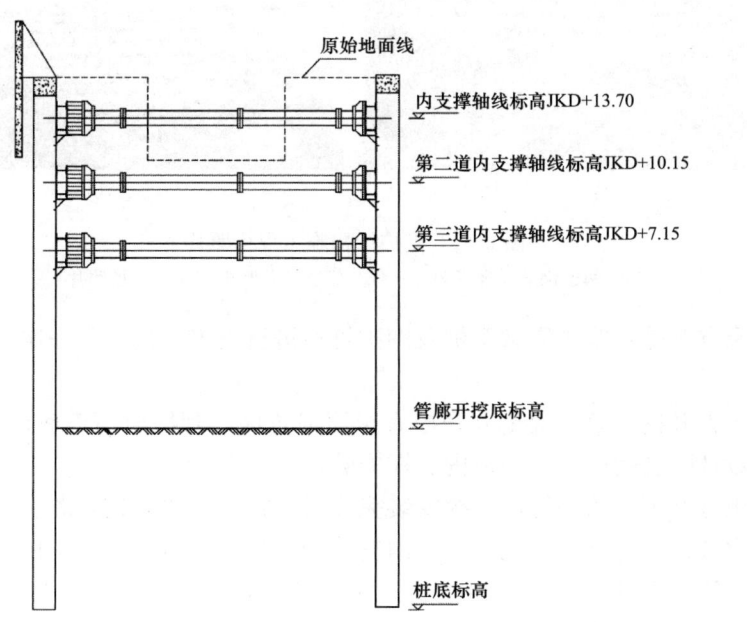

(b)

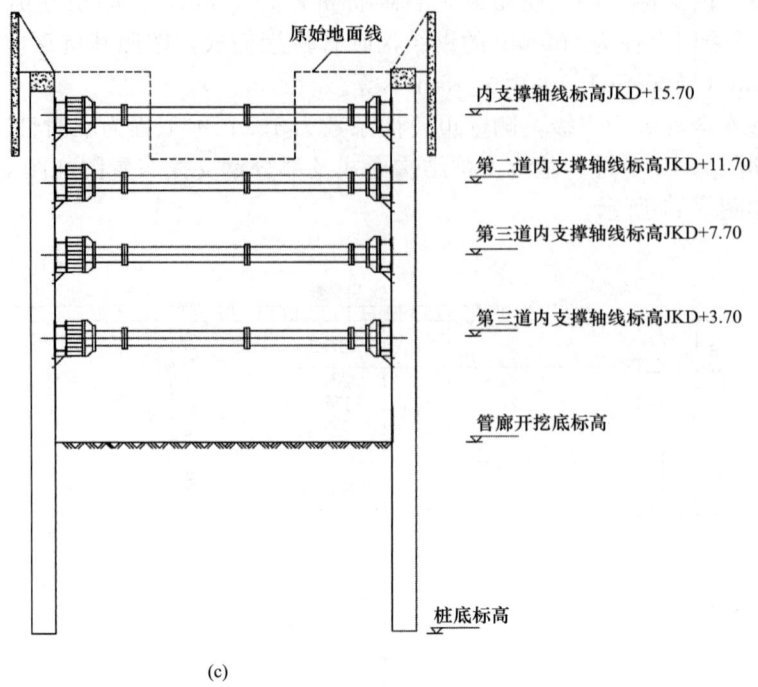

(c)

图 6-10 基坑支护模型及部分钢支撑布置图
(a) 基坑支护模型；(b) 18m 断面钢支撑布置图；(c) 20m 断面钢支撑布置图

图 6-11 支护结构施工现场照片
(a) 两道钢支撑现场照片；(b) 钢支撑及跨中支撑柱现场照片

第一次土方开挖：施工完微型桩及围护桩后进行土方开挖，第一次开挖至预留冠梁底标高位置。

第二次土方开挖：第二次土方开挖宜至原河道底，利用原河道底硬化混凝土基层，待冠梁达到设计强度后进行第一道内支撑安装。

第三次土方开挖：第一道内支撑安装完成后进行第三次开挖，若有第二道内支撑则开挖至第三次开挖底标高，若无第二道内支撑则直接开挖至基坑底。由于基坑内支撑安装已经完成，第二次开挖选用长臂挖机，于基坑边进行土方开挖，因长臂挖机动能不足，基坑底部开挖需配置一台 PC60 挖掘机进行土方开挖及转运，将开挖土方转运至底部基坑边，再由长臂挖机将土方转运至坑顶基坑边，长臂挖机功效低，仅用于基坑土方转运，为节省时间，基坑边需配置一台 PC350 挖机进行土方装车。第三次土方开挖至第二道支撑安装空间具备后，进行第二道支撑安装。第二道内支撑安装完成后，开挖至基坑底标高上 30cm。沿着马道边挖边退，至最后土方快结束时，进行土方倒运，将清理的土方堆至基坑一角，再用长臂挖掘机将土方转运至基坑顶，最后吊出挖机，剩余土方人工挖除并用吊斗吊出。

6.2.3 变形监测内容

本工程具体监测内容如下：
（1）基坑坡顶、周边道路及建筑物竖向位移监测；
（2）护坡桩桩顶水平位移监测；
（3）内支撑轴力监测；
（4）深层水平位移监测。
以下重点介绍基坑护坡桩桩顶水平位移监测的内容。

1. 监测点布置

按照设计要求，沿基坑四周坡顶设置水平位移监测点，监测点布置间隔为 20m，共布置 370 个桩顶水平位移监测点，监测点在桩施工过程中应牢固地预埋于下部护坡桩顶冠梁上，并在各监测点上做好监测点标志。

水平变形观测基准点数量为 3 个，基准点要牢固地埋设在道路旁，确保不易受周围环境的影响。另布设工作点 16 个，分布在基坑周边，方便现场监测。

2. 监测仪器设备

坡顶水平变形仍采用小角法监测，采用索佳 CX-101 精密全站仪及配套棱镜组。

3. 监测周期

监测工作应从基坑施工前开始至基坑回填后结束。基坑开挖前应进行首次观测并取得初始值，基坑开挖期间每开挖一层至少观测 1 次，且观测间隔不应多于 7d；基坑开挖完成后第 1 个月内每周观测 2 次；基坑开挖完成后第 2 个月至基坑回填完成，每 7～10d 观测一次；当基坑出现异常或设计文件有严格要求时，可根据实际需要增加观测次数；当基坑出现险情时应 24h 不间断监测，预计本项目监测总次数为 18 次。

4. 监测方法

护坡桩桩顶水平位移监测按照本书 3.4.1 所述小角法进行监测。相关监测现场照片如图 6-12 所示。

6.2.4 信息化施工管理系统

西安市某地下综合管廊沿线长度长，工期紧，各工种、各工序交叉作业繁多，沿线共划分为 4 个工区。为了确保项目有力、整体推进，统筹管理各种有利资源，建立了该综合管廊信息化管理系统。该系统结合 BIM 技术、监测监控技术、人员管理定位技术、预测预警技术等多项功能，整体反映了管廊施工各个阶段进度、安全、资源配置等各种信息资源，实现信息化施工的目的，基于 Windows 10 系统的界面如图 6-13 所示。

图 6-12 相关监测现场照片

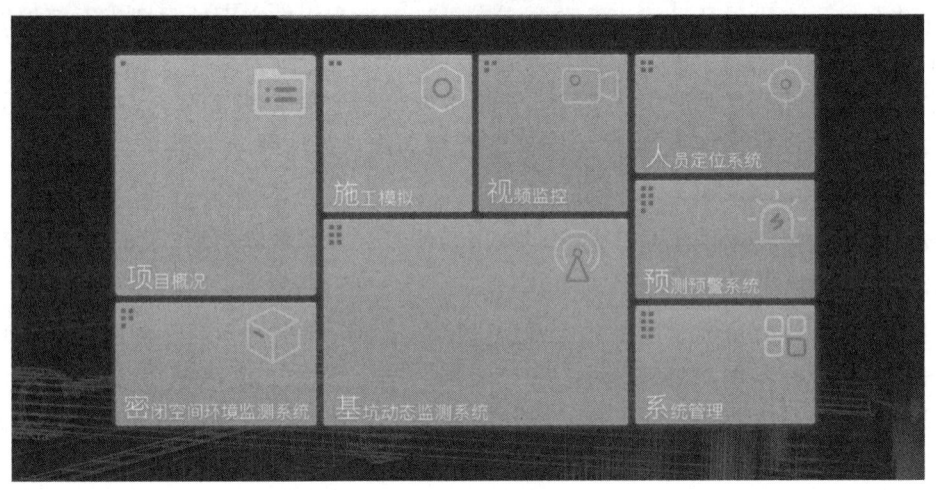

图 6-13 信息化施工管理系统的界面

1. 施工模拟模块

施工模拟模块主要根据施工节点的工艺控制要求,完成现场实际施工情况的三维模拟,每个构件匹配材料参数属性和时间属性,可查阅不同时间现场施工的情况,也可模拟后期施工过程中各构件的空间布置。

某地下综合管廊钢支撑数量众多,布置形式不一,基坑开挖阶段,利用施工模拟模块可以对不同区域、不同深度的钢支撑实行统一管理,包含钢支撑的材料属性、节点位置、安装时间、支撑轴力、拆除时间等。主体结构施工阶段,可根据钢支撑与主体结构的空间位置,在变形监测的指导下逐步拆除不同断面上的钢支撑,并对已施工完成部分的基坑肥槽及时回填。图 6-14 为施工模拟模块详图。

6 工程实例

(a)

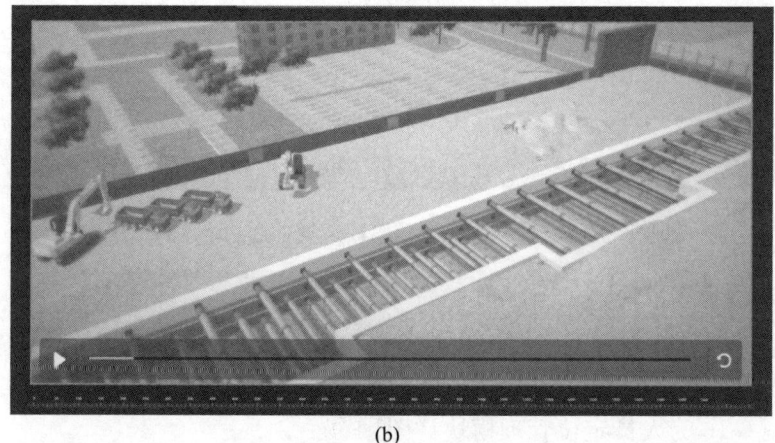

(b)

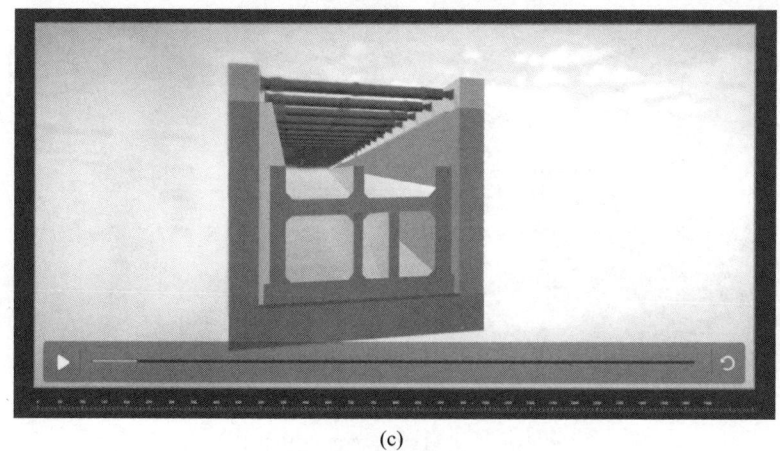

(c)

图 6-14 施工模拟模块详图
(a) 基坑开挖前冠梁下空间位置模拟；(b) 基坑开挖到底，架设第三道钢支撑；
(c) 主体结构施工过程中，第一道钢支撑即将拆除

2. 视频监控模块

视频监控模块主要实现实时在线视频监控，多点多角度实时监控及历史视频回放功

能。每个摄像头节点位置可实现近距离蓝牙手机连接，可实时显示回访该摄像头的视频节点信息。视频监控系统可以与智能手机在给定权限下实时通信，同时对图像进行自动识别、存储和自动报警。视频数据通过 3G/4G/Wi-Fi 传回控制主机（也可以是智能手机），主机可对图像进行实时显示、录入、回放、调出及储存等操作，从而实现移动互联的视频监控。图 6-15 为视频监控模块模块详图。

图 6-15 视频监控模块详图

3. 人员定位管理模块

人员定位管理模块主要由门警闸机信息、安全帽 GPS/北斗定位及 4G 网络定位组成，可实现人员位置空间定位、现场施工及管理人员数量统计、人员轨迹回放及轨迹统计等功能。图 6-16 为人员定位管理模块详图。

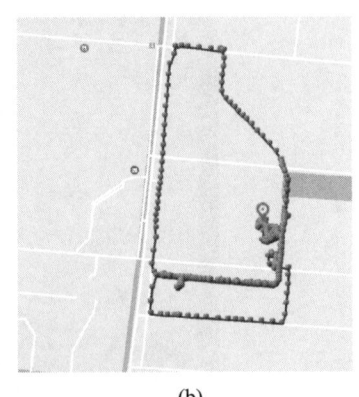

(a)　　　　　　　　　　　　　　　　　(b)

图 6-16 人员定位管理模块详图
(a) 人员三维位置显示；(b) 人员轨迹回放

4. 密闭空间环境监测模块

密闭空间环境监测模块实时在线监测线状基坑开挖到底后坑底的环境及管廊主体施工过程中内部的环境质量，主要包括氧气和一氧化碳两个参数，监测传感器可实现环境参数的显示、异常情况的报警等功能。图 6-17 为密闭空间环境监测模块详图。

6 工程实例

图 6-17 密闭空间环境监测模块详图

密闭空间环境监测模块包含工控机、气体监测服务软件、总线制气体报警控制器及探测器、USB-RS485 通信转换模块以及其他附件，支持多种气体的实时监测报警。其硬件如图 6-18 所示。

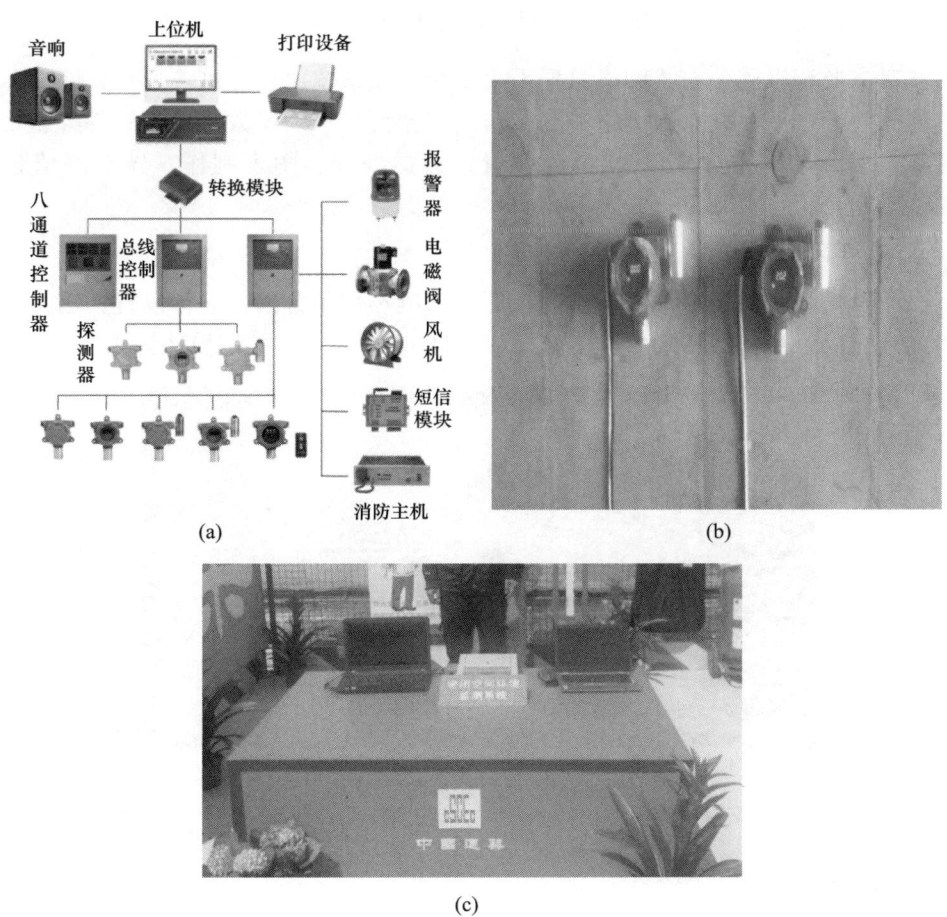

图 6-18 密闭空间环境监测模块的硬件
(a) 硬件组成系统；(b) 传感器；(c) 自动化采集仪

5. 基坑动态监测模块

基坑动态监测模块主要进行基坑水平位移监测、周边建筑物道路竖向位移监测、基坑深层水平位移监测、基坑支撑轴力监测。监测模块可实现监测点位置的空间显示、监测点数据的实时显示及历史数据的查询,可对每个监测点的变形趋势进行汇总比较。图 6-19 为基坑动态监测模块详图。

图 6-19 基坑动态监测模块详图

基坑动态监测采用分布式网络数据采集系统。该系统由计算机、分布式网络测量单元、智能式仪器(可独立作为网络节点的监测仪器设备)以及数据采集软件等组成,可完成各类深基坑各类监测仪器的自动测量、数据处理、图表制作、异常测值报警等工作。

6. 预测预警模块

预测预警模块主要对基坑变形参数、环境监测参数预警阈值进行设置,当接近预警阈值时实现预警,达到预警阈值时实时报警。图 6-20 为预测预警模块详图。

图 6-20 预测预警模块详图

6.2.5 分析计算和预测

1. 预测预警设置

根据设计要求,12~15m 深基坑:冠梁顶水平位移控制值 30mm,预警值 25mm;

15～18m深基坑：冠梁顶水平位移控制值35mm，预警值30mm；18m及以上深基坑：冠梁顶水平位移控制值40mm，预警值35mm。

2. 基坑支护计算

基坑支护计算采用理正深基坑软件，18m深基坑计算结果如图6-21所示。

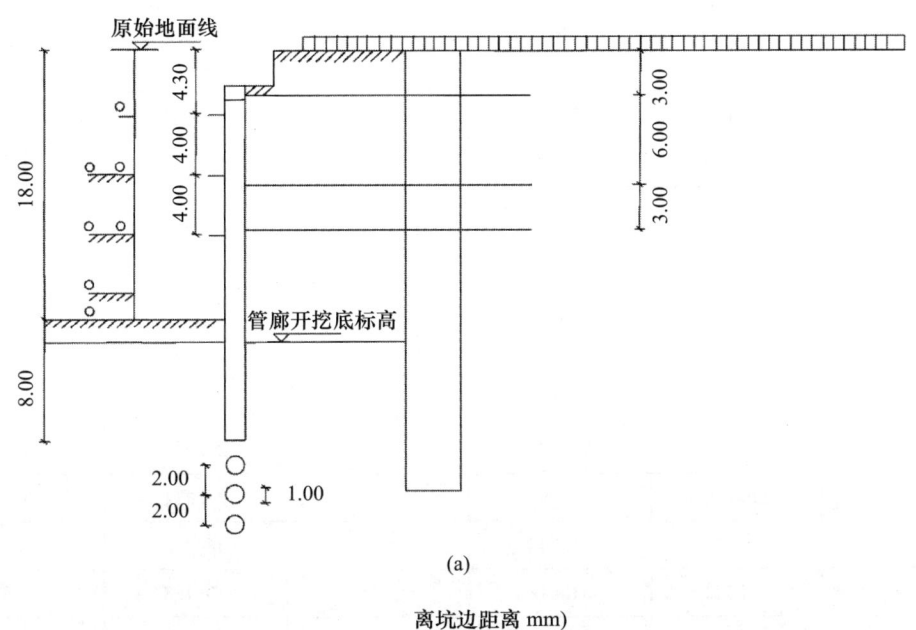

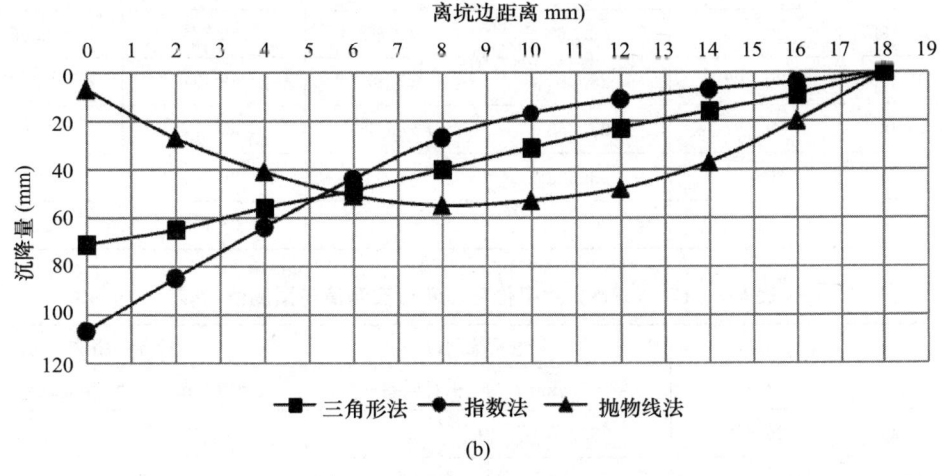

图6-21 18m基坑计算模型及计算结果
（a）计算模型；（b）地表沉降图

3. 预测预警

现场监测过程中，白天1h采集一次数据，晚上利用白天的数据作为数据样本进行预测，每2h预测一次基坑桩顶冠梁的水平位移，第二天利用实测数据对预测数据进行检验，并将新采集数据作为新的样本数据，对预测模型进行修正。现场采用自动监测设备对支撑轴力、深层水平位移进行监测，对水平位移的预测值进行复核，进而确保整个基坑的安全。以最东侧南北监测点为例，编号分别为SP178（1-2N）、SP178（1-2S），预测结果见表 6-8、表 6-9。监测点实测值与预测值比对曲线如图 6-22，表 6-10 为各监测点实测值与预测值的全部相对误差平均值。

表 6-8　178（1-2N）水平位移监测点实测值与预测值比较

时间 （2017 年）	实测值 （mm）	灰色系统理论		神经网络法	
		预测值 （mm）	相对误差 （%）	预测值 （mm）	相对误差 （%）
3/15 7：00	26.173	27.151	3.74	23.434	−10.46
3/15 8：00	26.522	25.816	−2.66	29.154	9.92
3/15 9：00	27.445	28.046	2.19	26.728	−2.61
3/15 10：00	28.121	27.123	−3.55	27.853	−0.95
3/15 11：00	28.061	28.523	1.65	26.850	−4.31
3/15 12：00	29.331	30.207	2.99	28.860	−1.60
3/15 13：00	28.664	29.529	3.02	28.907	0.85
3/15 14：00	28.736	29.635	3.13	29.925	4.14
3/15 15：00	29.704	31.997	7.72	32.314	8.79
3/15 16：00	30.771	31.746	3.17	32.703	6.28
3/15 17：00	29.660	31.012	4.56	30.128	1.58
3/15 18：00	29.997	30.367	1.23	30.774	2.59
3/15 19：00	30.702	28.285	−7.87	30.431	−0.88
3/16 7：00	29.487	28.253	−4.19	30.277	2.68
3/16 8：00	30.274	28.628	−5.44	29.681	−1.96
3/16 9：00	31.362	30.824	−1.72	32.151	2.52

表 6-9　178（1-2S）水平位移监测点实测值与预测值比较

时间 （2017 年）	实测值 （mm）	灰色系统理论		神经网络法	
		预测值（mm）	相对误差（%）	预测值（mm）	相对误差（%）
3/15 7：00	26.520	28.236	6.47	26.991	1.78
3/15 8：00	26.777	25.913	−3.23	25.649	−4.21
3/15 9：00	25.525	22.853	−10.47	26.726	4.70
3/15 10：00	29.616	28.400	−4.10	29.869	0.86
3/15 11：00	28.327	29.115	2.78	26.776	−5.48
3/15 12：00	28.338	27.041	−4.57	27.632	−2.49
3/15 13：00	30.949	32.268	4.26	31.198	0.80
3/15 14：00	29.004	29.976	3.35	28.942	−0.21
3/15 15：00	29.291	28.330	−3.28	29.397	0.36

续表

时间 （2017年）	实测值 （mm）	灰色系统理论		神经网络法	
		预测值（mm）	相对误差（%）	预测值（mm）	相对误差（%）
3/15 16:00	31.032	31.370	1.09	32.775	5.62
3/15 17:00	30.726	30.356	−1.20	30.961	0.77
3/15 18:00	30.245	31.013	2.54	29.523	−2.39
3/15 19:00	31.627	31.582	−0.14	32.448	2.60
3/16 7:00	30.437	30.167	−0.88	30.272	−0.54
3/16 8:00	32.432	31.049	−4.26	30.986	−4.46
3/16 9:00	32.999	33.452	1.37	32.680	−0.96

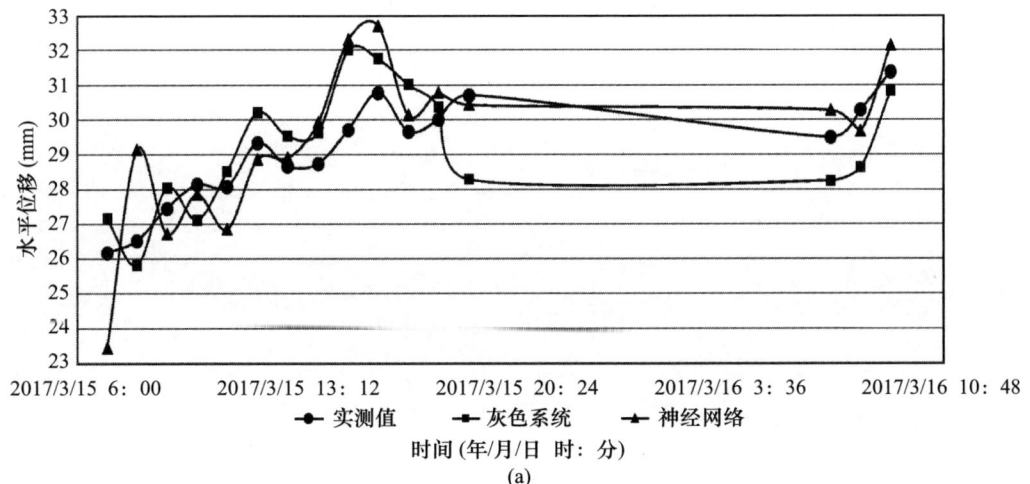

(a)

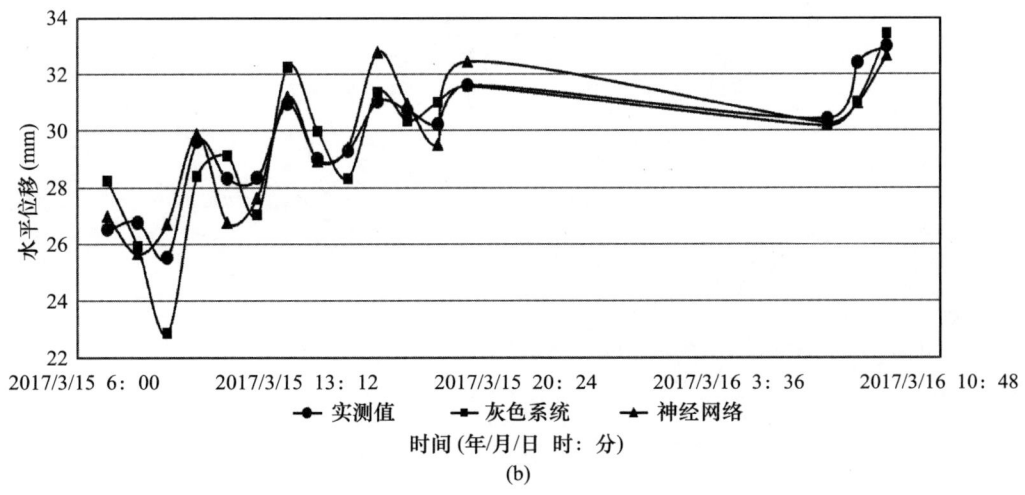

(b)

图 6-22 监测点实测值与预测值比对曲线
(a) 178（1-2N）监测点实测值与预测值水平位移对比曲线；
(b) 178（1-2S）监测点实测值与预测值水平位移对比曲线

表 6-10　各监测点实测值与预测值比较

监测点	全部相对误差平均值（%）	
	灰色系统理论	神经网络
178（1-2N）	3.67	3.88
178（1-2S）	3.37	2.38

由上述监测及预测数据、曲线可以得出：

（1）相对于灰色系统预测模型，BP 神经网络预测模型的精度更高，这与灰色系统预测模型的假定有关系，灰色系统预测模型假定非负时间序列法累加数列需具有指数规律，实际上累加数列不一定均具有指数规律，应该是近似指数规律。

随着数据量的不断增加，灰色系统预测模型及 BP 神经网络预测模型的预测精度均变高，但 BP 神经网络预测模型的预测数值更为稳定。

（2）随着数据量的增加，预测结果会逐步趋于稳定。

参考文献

[1] 罗宇生. 湿陷性黄土地基处理 [M]. 北京：中国建筑工业出版社，2008.
[2] 石振明，孔宪立. 工程地质学 [M]. 2版. 北京：中国建筑工业出版社，2011.
[3] 王奎华. 岩土工程勘察 [M]. 2版. 北京：中国建筑工业出版社，2016.
[4] 梅源，胡长明. 湿陷性黄土高填方地基处理技术及其边坡稳定性 [M]. 北京：中国建筑工业出版社，2016.
[5] 冯志焱，宋战平，赵治海. 湿陷性黄土地基 [M]. 北京：科学出版社，2009.
[6] 东南大学，浙江大学，等. 土力学 [M]. 3版. 北京：中国建筑工业出版社，2010.
[7] 熊智彪，陈振富，段仲沅，等. 建筑基坑支护 [M]. 2版. 北京：中国建筑工业出版社，2013.
[8] 夏才初，李永盛. 地下工程测试理论与监测技术 [M]. 上海：同济大学出版社，1999.
[9] 魏燃. 地铁车站深基坑开挖围护结构变形监测数据分析与数值模拟 [D]. 石家庄：石家庄铁道大学，2014.
[10] 陈翔. 变形监测安全预警系统的设计 [J]. 广东科技，2007（6）：2.
[11] 汪孔政. 全站仪监测基坑水平位移精度分析 [J]. 建筑技术，2009，40（2）：153-154.
[12] 张瑞芳，赵祺. 自由设站坐标法监测基坑水平位移的精度估算 [J]. 水电能源科学，2010，28（07）：51-53.
[13] 朱小玉，杨灯云，赵丽，等. 免棱镜全站仪在基坑监测中的应用 [J]. 中国高新技术企业，2010（15）：86-87.
[14] 申屠南瑛. 地下位移测量方法及理论研究 [D]. 杭州：浙江大学，2013.
[15] 王安正，雷金山，肖武权，等. 基坑开挖变形监测及数值仿真分析 [J]. 土工基础，2010，24（1）：62-66.
[16] 房营光，莫海鸿. 深基坑工程施工过程动态反演与变形预测的半解析分析 [J]. 岩石力学与工程学报，2002，21（10）：1562-1567.
[17] 靳璞，李东海，刘军，等. 地铁深基坑变形预测与监测数据分析 [J]. 市政技术，2008，26（1）：28-30.
[18] 李佳，焦苍，范鹏，等. 地铁深基坑支护结构变形预测分析与应用 [J]. 地下空间与工程学报，2005，1（3）：474-477.
[19] 陈晓斌，张家生，安关峰. GM（1，1）与 GM（2，1）模型在基坑工程预测中的应用 [J]. 岩土工程学报，2006，28（S1）：1401-1405.
[20] 冯志，李兆平，李祎. 多变量灰色系统预测模型在深基坑围护结构变形预测中的应用 [J]. 岩石力学与工程学报，2007（S2）：4319-4324.
[21] 吴杰，柏林，左工，等. 多因素灰色 G（1，N）模型及其在基坑位移预测中的应用 [J]. 测绘科学，2012，37（6）：178-180.
[22] 陶津，刘燕，贺可强. 神经网络在深基坑工程变形预测中的应用研究 [J]. 青岛理工大学学报，2005，26（6）：39-42.
[23] 罗波，远祯. 改进 BP 网络在深基坑变形预测中的应用 [J]. 工业建筑，2006，36（S1）：683-687.

[24] 贾备,邬亮.基于灰色BP神经网络组合模型的基坑变形预测研究[J].隧道建设,2009,29(3):280-283.

[25] 李妍妍.基于基因表达式编程的深基坑变形预测模型研究[D].南昌:江西理工大学,2013.

[26] 张营.深基坑监测方法与精度要求研究及其工程应用[D].济南:山东大学,2012.

[27] 胡大为.湿陷性黄土地区深基坑监测技术研究及应用[D].西安:长安大学,2014.

[28] 熊春宝,潘延玲,岳树信.基坑水平位移监测的方法比较与精度分析[J].城市勘察,1996(04):14-21.

[29] 胡园园,黄广龙,史瑞旭.深基坑水平位移监测方法的分析与比较[J].建筑科学,2012(S1):6.

[30] 刘乾,李晓柱.桩顶水平位移各种监测方法在深基坑施工监测中的适用性[J].工程与建设,2012,26(6):845-848.

[31] 袁定伟,郑加柱.建筑基坑变形监测方法分析[J].山西建筑,2007(08):138-139.

[32] 黄北华.单站改正法在位移测量中的应用[J].浙江水利科技,1999(S1):74-76.

[33] 夏才初,潘国荣.土木工程监测技术[M].北京:中国建筑工业出版社,2001.

[34] 武汉测绘科技大学测量平差教研室.测量平差基础[M].3版.北京:测绘出版社,1996.

[35] 李锋.全站仪自由设站法的精度分析[J].现代测绘,2006,29(5):35.

[36] 王迪伟.GPS-RTK地形图测绘技术及工作原理[J].中国新技术新产品,2010(17):99-100.

[37] 郭满金,李清梅,姚文秀.湿陷性黄土洞段变形监测[J].水利水电技术,2001,32(4):24-26.

[38] 惠治鑫,马良荣.自重湿陷性黄土场地浸水楼房整体倾斜的监测与分析[J].宁夏师范学院学报(自然科学),2008,29(6):27-30.

[39] 李欣.郑西高铁湿陷黄土路基沉降监测及预警系统研究[D].西安:长安大学,2012.

[40] 魏国良,王斌,廖文兵,等.湿陷性黄土地基建构筑物沉降监测与地学解释[J]铁道勘察,2012,38(4):8-11.

[41] 唐亚明.陕北黄土滑坡风险评价及监测预警技术方法研究[D].北京:中国地质大学,2012.

[42] 汤俐轩.基于神经网络范例推理的黄土沟壑区湿软地基沉降预测研究[D].西安:长安大学,2007.

[43] 秦国兵.湿陷性黄土地区客运专线无砟轨道桥梁沉降预测及铺设条件评估技术[J].铁道建筑技术,2011(2):1-4.

[44] P M NAGHDI. A new derivation of the general equations of elastic shells [J]. International Journal of Engineering Science, 1965, 3 (3): 335-337.

[45] F A B DANZIGER, B R DANZIGER, M P PACHEEO. The simultaneous use of Piles and Prestressed anchors in foundation design [J]. Engineering Geology, 2006, 87 (3/4): 163-177.

[46] RAO S N, LATHA K H, PALLAVI B, et al. Studies on pullout capacity of anchors in marine clays for mooring systems [J]. Applied Ocean Research, 2006, 28 (2): 103-111.

[47] CHARLES AUBENY, J DONALD MURFF. Simplified limit solutions for the capacity of Suction anchors under undrained conditions [J]. Ocean Engineering, 2005, 32 (7): 864-877.

[48] VERMEER, PETER, et al. Arching effects behind a soldier pile wall [J]. Computers and Geotechnics, 2001, 28 (6/7): 379-396.

[49] K ILAMPARUTHI, E A DICKIN. Predictions of the uplift response of model belled Piles in geogrid-cell-reinforced sand [J]. Geotextiles and Geomembranes, 2001, 19 (2): 89-109.

[50] ROLLINS KYLE M, PETERSON KRIS T, WEAVER THOMAS Z. Lateral load behavior of

Full-scale pile group in clay [J]. Journal of Geotechnical and Geoenvironmental Engineering, 1998, 124 (6): 468-47.

[51] 吕少伟. 上海地铁车站施工周围土体位移场预测及控制技术研究 [D]. 上海: 同济大学, 2001.

[52] 李佳川. 软土地区维护墙深基坑开挖的三维分析及试验研究 [D]. 上海: 同济大学, 1991.

[53] 李亚. 基坑周围土体位移场的分析与动态控制 [D]. 上海: 同济大学, 1999.

[54] TERZAGHI K, PECK R B, MESRI G. Soil mechanics in engineering practice \ [M \]. New York: John Wiley & Sons, 1996.

[55] MILLIGAN G W E. Soil deformations near anchored sheet-pile walls [J]. Geotechnique, 1983, 33 (1): 41-55.

[56] 谢才军, 林贤根. 基坑变形监测与VB编程 [M]. 杭州: 浙江大学出版社, 2012.

[57] 刘起霞. 基坑工程 [M]. 北京: 中国电力出版社, 2015.

[58] 贺斯顿. 高支护结构内力及变形分析方法研究 [D]. 长沙: 湖南工业大学, 2021.

[59] 秦明峰. 基坑变形监测方法研究 [J]. 经纬天地, 2021 (3): 3.

[60] 何钦, 丘北刘, 张记峰. 基坑支护结构深层水平位移监测最佳间距设置的研究 [J]. 广东土木与建筑, 2020, 27 (11): 6.

[61] 邓皓. 深基坑咬合桩支护结构内力及水平位移影响因素分析 [D]. 成都: 成都理工大学, 2017.

[62] 侯海清. 深基坑支护结构内力监测技术及应用 [J]. 广东土木与建筑, 2018, 25 (8): 3.

[63] 石芳红. 银川某超高层深基坑支护设计及变形监测分析研究 [D]. 西安: 西安科技大学, 2020.

[64] 安关峰, 宋二祥. 广州地铁琶州塔站工程基坑监测分析 [J]. 岩土工程学报, 2005, 27 (3): 333-337.

[65] 徐杨青, 程琳. 基坑监测数据分析处理及预测预警系统研究 [J]. 岩土工程学报, 2014, 36 (S1): 219-224.

[66] 张建坤, 王金明, 贾亮. 自由设站法进行基坑监测的精度分析 [J]. 测绘工程, 2011, 20 (4): 3.

[67] 梁永平, 赖国泉. 边角自由设站极坐标法在基坑变形监测中的应用研究 [J]. 矿山测量, 2018 (1): 4.

[68] 刘祖典. 黄土力学与工程 [M]. 西安: 陕西科学技术出版社, 1997.

[69] 高国瑞. 黄土显微结构分类与湿陷性 [J]. 中国科学, 1980 (12): 1203-1208, 1237-1240.

[70] 高国瑞. 中国黄土的微结构 [J]. 科学通报, 1980 (20): 945-948.

[71] 雷祥义. 土显微结构类型与物理力学性质指标之间的关系 [J]. 地质学报, 1989, 63 (2): 10.

[72] 陕西水利科学研究所. 西北黄土的性质 [M]. 西安: 陕西人民出版社, 1959.

[73] 罗宇生. 湿陷性黄土地基处理 [J]. 陕西建筑, 2005 (4): 26-31.